jQuery Plugin 外掛套件活用範例速查辭典

古籏一浩 著　許郁文 譯

```
<script type="text/javascript">
$(function(){
  alert("Hello World!");
})
</script>
```

jQuery Plugin
外掛套件活用範例
速查辭典

作　　者：古籏一浩
翻　　譯：許郁文
責任編輯：簡　輅
行銷企劃：黃譯儀

發 行 人：詹亢戎
董 事 長：蔡金崑
顧　　問：鍾英明
總 編 輯：古成泉

出　　版：博碩文化股份有限公司
地　　址：221 新北市汐止區新台五路一段 112 號 10 樓 A 棟
　　　　　電話 (02) 2696-2869　傳真 (02) 2696-2867

郵撥帳號：17484299　戶名：博碩文化股份有限公司
博碩網站：http://www.drmaster.com.tw
讀者服務信箱：DrService@drmaster.com.tw
讀者服務專線：(02) 2696-2869 分機 216、238
（週一至週五 09:30 ～ 12:00；13:30 ～ 17:00）

版　　次：2015 年 07 月初版

建議零售價：新台幣 480 元
I S B N：978-986-434-028-6(平裝)
律師顧問：永衡法律事務所 吳佳潓 律師

本書如有破損或裝訂錯誤，請寄回本公司更換

國家圖書館出版品預行編目資料

jQueryPlugin 外掛套件活用範例速查辭典 / 古一浩著 ; 許郁文譯 . -- 初版 . -- 新北市 : 博碩文化 , 2015.07
　面 ;　公分
ISBN 978-986-434-028-6(平裝)

1. 網頁設計 2. 電腦程式設計

312.1695　　104011209

Printed in Taiwan

博碩粉絲團

相關權利

- 書中提及之公司名稱、商品名稱都屬於各公司的商標或註冊商標。
- 著作權相關符號如TM、©、®請恕本書省略。

本書內容

- 本書內容的執行結果雖已經作者、翻譯、編輯審慎地實際操作檢查，若因應用本書相關內容而造成任何損害故障，恕在此不負相關責任，請自行承擔使用風險。
- 本書的程式執行畫面可能因執行環境而有所不同，請包涵見諒。
- 本書內容是基於2014年11月的資訊所著，範例可能因函式庫的規範或網頁瀏覽器的版本更新而有不同的執行結果，有可能無法執行或需要改寫程式碼。此外，內容中引用的URL也可能異動。亦請包涵諒解。

範例程式檔

- 本書介紹的範例檔可以從博碩文化網站（中文版；http://www.drmaster.com.tw/），或C&R研究所的官方網站（日文版；http://www.c-r.com）下載。下載方法請參考第5頁說明。
- 範例檔的執行操作已經過作者、翻譯與編輯審慎地確認，若因應用範例檔而造成任何損害故障，恕在此不負相關責任，請自行承擔使用風險。
- 範例檔的著作權屬於作者與C&R研究所所有，未經許可不得擅自公開與銷售。

作者簡介

古籏一浩（ふるはた　かずひる）

本書是作者的第57本著作。應該也有人不只是想利用jQuery外掛套件開發程式吧。這次也收錄了許多日本的外掛套件。接下來也請務必自行製作並發表jQuey外掛套件。本書開頭寫道，原本是將兩冊內容寫成一本，而後分為《JavaScript逆引きハンドブック』與《jQuery+jQuery UI+jQuery Mobile逆引きハンドブック》（皆由C&R研究所出版）。並且原本打算將本書第三冊合編成同一本書，但因為頁數過多而分成三本出版。如果手邊能擁有這三本書，應該是一件令人感到開心的事。

http://www.openspc2.org/

C&R研究所責任編輯：吉成明久

AUTHOR

PROLOGUE

jQuery函式庫對於網站製作現已不可或缺。由於jQuery可以輕鬆跨越瀏覽器的差異，簡單直接地操作動畫與DOM，所以已被許多網站所採用。如果只是想要簡易地處理網頁的元素，其實不一定要使用jQuery函式庫。但是jQuery之所以變得如此受歡迎，正是因為jQuery本身有許多Plugin（外掛套件），可以讓開發人員容易地自由新增偏好的處理方法。

光是透過jQuery的官方網站，能夠確認到的jQuery Plugin目前已超過2600種以上（2014年11月時）。而且還有許多外掛套件也未於官方網站公佈，可見jQuery的外掛套件何其繁多。因此要自行開發某種功能時，可以事先搜尋jQuery函式庫的外掛套件。由於jQuery的外掛套件為數眾多，無法全部介紹一遍，而且光是主要的外掛套件就夠多了。所以本書將外掛套件由舊到新分門別類來介紹，並且是以2014年11月時仍可使用的外掛套件為主。

由於jQuery Plugin依附在jQuery函式庫之下，所以當jQuery函式庫的版本不同時，有可能就無法順利執行。尤其jQuery 1.x與2.x對瀏覽器與方法的支援都不同，只要是不支援新版的jQuery外掛套件，就有可能無法順利執行。本書介紹的外掛套件幾乎都可以在2.x版本中正常執行。

本書原本是打算與拙著《jQuery+jQuery UI+jQuery Mobile逆引きハンドブック》（C&R研究所出版；ISBN978-4-86354-149-8）合併出版，但由於頁數關係，所以才分成兩本的方式各別出版，若手邊有這兩本著作可相互參考。此外，在《jQuery+jQuery UI+jQuery Mobile逆引きハンドブック》也介紹了jQuery外掛套件的製作方法。

為了能快速地測試本書介紹的外掛套件，作者特別在網站中建立了附有縮圖的範例頁面（參考第6頁），請各位配合本書一並應用（網頁為日文版）。

● 外掛套件一覽表

URL http://www.openspc2.org/book/jqplugin/

若本書能在網頁製作上助各位讀者一臂之力將感到十分榮幸。

2014年11月

古籏一浩

有關本書

執行環境的確認

本書通過Windows 7+Google Chrome、OS X（Mac OS X）+Google Chrome的環境測試，而測試的瀏覽器為支援jQuery的種類與版本。

某些外掛套件無法在本地端環境下執行，例如使用非同步傳輸技術（Ajax）的外掛套件就是其中一種。幻燈片播放圖片與延遲匯入處理都使用了非同步傳輸技術，所以必須在伺服器環境下才能執行（可在本地端伺服器確認執行狀況）。此外，本書使用的範例都以放置於伺服器上為前提，所以某些範例可能無法於本地端環境執行。

此外，外掛套件有可能因為版本升級而在規範上有所變動，因此本書介紹的外掛套件雖然已標註了版本，但仍有可能因版本的升級而無法執行。並且公開外掛套件的網頁失連而失效，無法重新取得相同的外掛套件。請包涵見諒。

關於CDN（Contents Delivery Network／內容傳遞網路）

本書介紹的範例均使用了CDN，因此無法在離線環境下正常執行。換句話說，連接網際網路的環境是最低的執行條件。此外，使用非同步傳輸的範例無法於本地端執行，執行前請先將檔案上傳至伺服器。

使用CDN時，請如下列的方式指定http。

```
<script src=http://ajax.gooleapis.com/ajax/libs/jquery/2.1.0/jquery.min.js> </sciprt>
```

如果是http與https並存的網站，請將「http:」的部份刪除，如下所示。

```
<script src=//ajax.gooleapis.com/ajax/libs/jquery/2.1.0/jquery.min.js></sciprt>
```

範例檔的下載

本書的範例檔可以進入博碩文化網站，或是C&R研究所的首頁下載。依照下列步驟執行即可下載範例檔。

中文版

①請直接下載本書範例壓縮檔http://www.drmaster.com.tw/download/example/MP11509_sample.zip

②若無法直接下載請於博碩文化首頁（www.drmaster.com.tw）搜尋書號「MP11509」

③在書籍介紹頁面最下方檔案下載區點選範例下載或取得勘誤更新資訊

日文版

①連結到http://www.c-r.com/
②點選頁面左上角的「商品検索（商品搜尋）」欄，輸入「161-0」再按下「検索（搜尋）」鈕
③顯示搜尋結果後，請點選本書書名
④進入書籍詳細資料之後，點選「サンプルデータダウンロード（下載範例檔案）」
⑤輸入下方的「ユーザー名（使用者名稱）」與「パスワード（密碼）」進入下載頁面
⑥點選「サンプルデータ（範例檔案）」連結下載檔案，並將檔案儲存於電腦中

● 下載範例所需的使用者名稱與密碼
ユーザー名（使用者名稱）：jQpin
パスワード（密碼）：f8zk7

※使用者名稱與密碼請以半形英數字輸入，而「J」與「j」以及「K」與「k」分別為大小寫英文字母，請確認後再行輸入。

INTRODUCTION

本書的版面結構

本書的標記方法

本書的標記方式有下列幾項需要注意的地方。

範例中的⏎

本書介紹的範例程式碼，有時會受限於版面寬度而必須換行，此時將會以⏎的符號代表上下兩行為同一行程式碼。

Plugin的版本與URL

本書會在各單元的標題部分註明外掛套件的名稱、版本與URL。不過由於版本與URL都是2014年11月時的資訊，未來仍有可能變更或網頁消失。請包涵見諒。

本書在各章所使用的外掛套件，會如下圖的方式來呈現。

INTRODUCTION

各項外掛套件是依照使用類別來區分，並標註使用版本與下載連結。方便讀者查詢使用。而關於注意事項或重點等部份，會插入 ONEPOINT 或 COLUMN 的方式來介紹。

此外在 ONEPOINT 中，外掛套件的相關設定會詳細條列說明。額外的補充說明則會以 COLUMN 來表示。程式中需要自行替換的參數內容等等，會以粗體加上底線的方式來標明，例如：【**替換的內容**】。

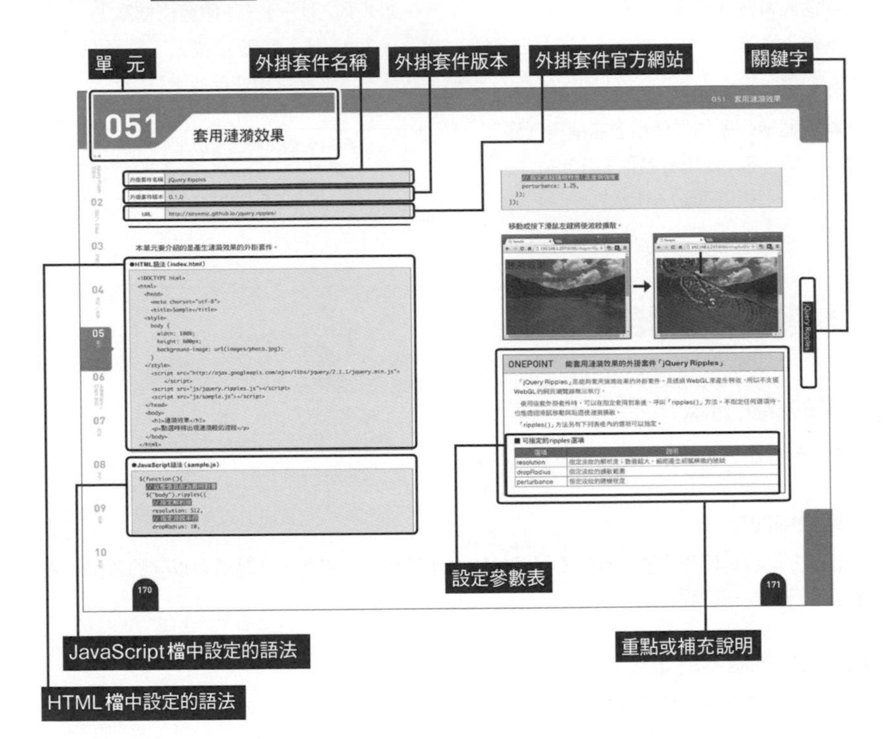

範例程式碼的使用方法

每章節的範例檔皆儲存在不同的資料夾內，同時再依單元編號儲存在不同的資料夾內。範例檔以ZIP格式壓縮，請解壓縮之後再使用。

每個資料夾內都儲存了HTML檔、JavaScript檔、CSS檔或圖片檔案。

此外，範例必須在連接網路連線的環境下執行，某些範例無法在本地磁碟執行（直接以瀏覽器開啟HTML檔案）。若要確認這類範例的執行結果，請先將範例上傳至遠端網路環境（伺服器）。伺服器可以使用本地端伺服器，但請務必處於網路連線環境下，才能透過CDN匯入jQuery函式庫。

關於範例檔頁面

筆者的網站除了能下載範例檔，也建立了展示各外掛套件實際執行的縮圖，與測試用的範例檔頁面，請以瀏覽器開啟下列URL網頁（連結範例為日文版，中文版請開啟範例資料夾中的index.html檔）。

- 外掛套件一覽表

URL http://www.openspc2.org/book/jqplugin/

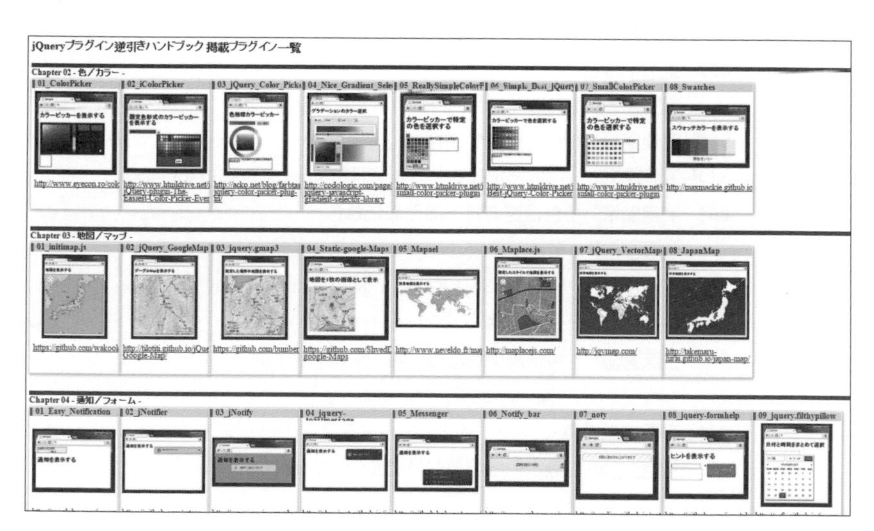

點選各個外掛套件的縮圖即可確認執行結果。縮圖下方的URL連結為各個外掛套件的原始網址。

CONTENTS

CONTENTS

CONTENTS

CHAPTER 01

jQuery Plugin的概要

001 有關jQuery與jQuery Plugin

使用jQueryPlugin

要使用jQuery外掛套件時，必須先匯入jQuery函式庫。jQuery屬於支援多數瀏覽器／智慧型手機的JavaScript函式庫。使用時只需要從jQuery的網站下載，或是直接透過CDN（內容傳遞網路）匯入函式庫即可。若選擇透過CDN匯入函式庫時，則必須是在連接網路的環境下使用。

```
<!-- 匯入jQuery函式庫 -->
    <script src=http://ajax.googleapis.com/ajax/libs/jquery/2.0.3/jquery.min.js></script>
<!-- 匯入jQuery外掛套件 -->
    <script src="js/colorpicker.js"></script>
```

jQuery函式庫網站即為下列的URL網址。

● jQuery函式庫網頁

URL http://jquery.com/

■ jQuery函式庫網頁

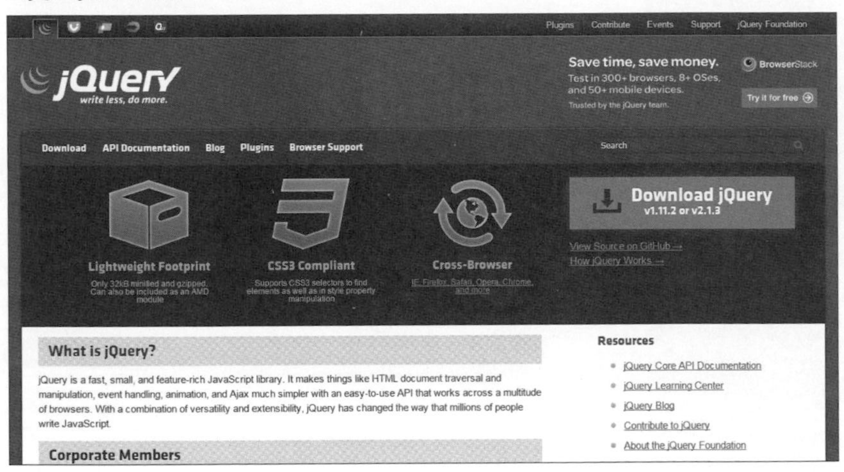

jQuery外掛套件可以從下列的網頁中搜尋。

● jQuery Plugin網頁

URL http://plugins.jquery.com/

■ jQuery Plugin網頁

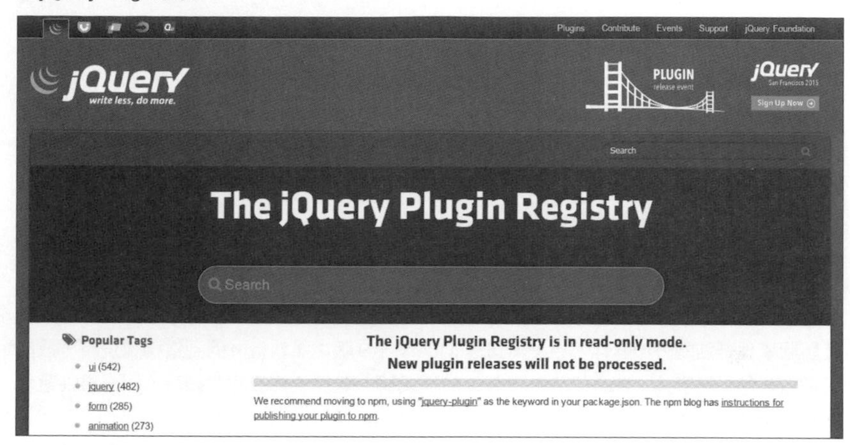

jQuery外掛套件的使用時不只需要匯入jQuery函式庫，有時還需要匯入相關必要的函式庫。尤其是動畫的外掛套件，通常會需要匯入Easing Plugin函式庫。雖然需要匯入這類的函式庫檔案，但多數時候，這些相關函式庫都已經一併包含在下載的外掛套件內了。

● **jQuery Easing Plugin**

URL http://gsgd.co.uk/sandbox/jquery/easing/

■ jQuery Easing Plugin

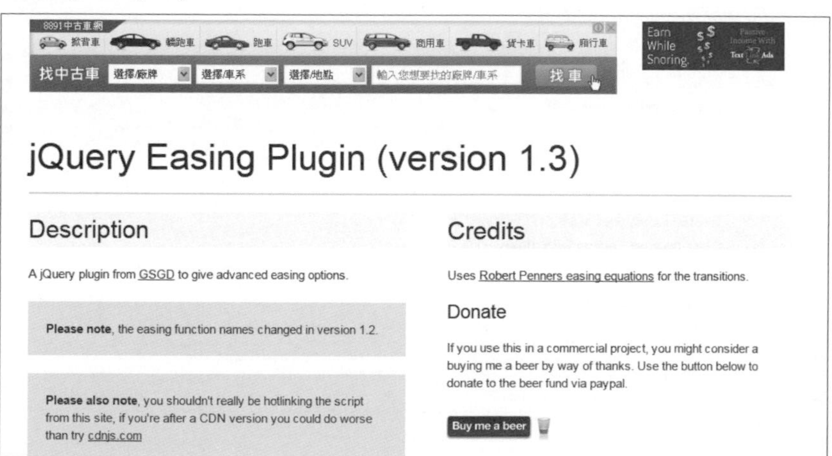

002 使用外掛套件的注意事項

授權

本書雖然介紹了為數眾多的外掛套件範例，但若實際在網站應用這類範例時，需要注意必須留心的事項。

首先，是外掛套件的授權。大部分的外掛套件都允許商業用途，但其中有些仍未開放。某些外掛套件是僅開放個人免費使用，商業用途則必須另行付費。因此在使用之前，請務必在本書介紹外掛套件的頁面確認相關授權。

jQuery函式庫的版本

接著是jQuery函式庫的版本。jQuery的規範在1.5～1.8之間版修訂了不少部分，每個版本都有增加刪除的命令，因此有些外掛套件只能在特定的版本中執行。尤其是那些採用了舊版事件方法的外掛套件，更是無法在jQuery 1.9版之後執行。遇到這種情況時，只能選擇取代的外掛套件，或是修改外掛套件的程式碼。若需要修改程式碼時，則必須注意發佈者制定的授權條款。

jQuery分為2.x與1.x的版本。1.x版本可以支援IE8這類舊版的瀏覽器，因此若希望能夠支援更多元的作業環境，建議採用1.x的版本。大部分的jQuery外掛套件皆可在1.x的版本中執行。

假設網站指定使用的是jQuery 2.x版，不妨連帶匯入jQuery Migrate Plugin，就能確認是否與1.x版相容。jQuery Migrate Plugin可以從jQuery的下載頁面下載。

● **jQuery Migrate Plugin**

URL http://jquery.com/download/

■ jQuery Migrate Plugin下載網頁

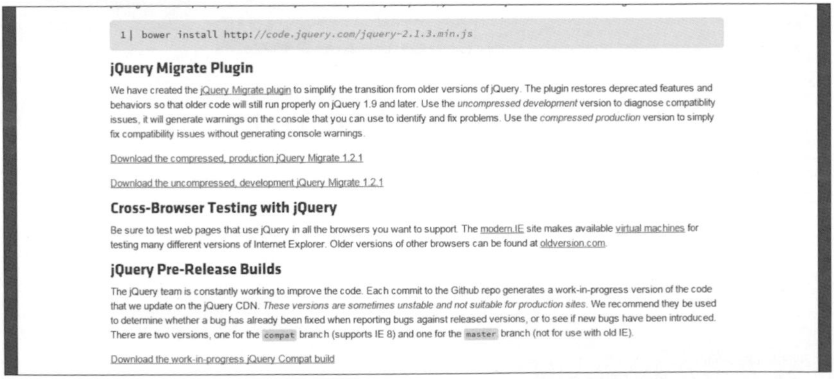

```
1| bower install http://code.jquery.com/jquery-2.1.3.min.js
```

jQuery Migrate Plugin

We have created the jQuery Migrate plugin to simplify the transition from older versions of jQuery. The plugin restores deprecated features and behaviors so that older code will still run properly on jQuery 1.9 and later. Use the *uncompressed development* version to diagnose compatiblity issues, it will generate warnings on the console that you can use to identify and fix problems. Use the *compressed production* version to simply fix compatibility issues without generating console warnings.

Download the compressed, production jQuery Migrate 1.2.1

Download the uncompressed, development jQuery Migrate 1.2.1

Cross-Browser Testing with jQuery

Be sure to test web pages that use jQuery in all the browsers you want to support. The modern.IE site makes available virtual machines for testing many different versions of Internet Explorer. Older versions of other browsers can be found at oldversion.com.

jQuery Pre-Release Builds

The jQuery team is constantly working to improve the code. Each commit to the Github repo generates a work-in-progress version of the code that we update on the jQuery CDN. *These versions are sometimes unstable and not suitable for production sites.* We recommend they be used to determine whether a bug has already been fixed when reporting bugs against released versions, or to see if new bugs have been introduced. There are two versions, one for the `compat` branch (supports IE 8) and one for the `master` branch (not for use with old IE).

Download the work-in-progress jQuery Compat build

在智慧型手機上執行

多數的jQuery外掛套件都是針對個人電腦的格式來建立的。因此在智慧型手機執行時，有可能不便於操作，或是執行上過於緩慢。若打算在智慧型手機上執行，請務必確認使用的外掛套件是否支援智慧型手機。

相容性函式庫

假設使用相容於jQuery的Zepto.js，則大部分的外掛套件將無法執行，但有些外掛套件也只與Zepto.js相容，使用前請務必從外掛套件的頁面確認相容性。

外掛套件的版本

外掛套件也可能因為版本升級而在規範上有所不同。本書介紹的外掛套件雖然都會標記版本，但不能保證未來這些外掛套件不會因為版本升級而無法執行。此外，發佈外掛套件的網頁也有可能會消失而無法下載。請包涵見諒。

其他

某些外掛套件無法在本地端的作業環境下執行，例如非同步傳輸（Ajax）就屬於這類。因此若要使用影像幻燈片播放，或延遲讀取處理這類非同步傳輸技術，就必須在伺服器環境下執行外掛套件（也可於本地端伺服器執行）。

此外，本書介紹的範例都以檔案儲存於伺服器為前提，所以在本地端的環境下將可能會無法正常執行。

外掛套件無法順利執行時的處理

外掛套件無法順利執行時的處理

假設外掛套件因為jQuery的版本升級而無法執行時，基本上就只能等外掛套件的作者升級外掛套件。但若是作者已不打算升級，或這個舊版的外掛套件是由某公司內部自行開發，原本的作者已不在該職位那就麻煩了，因為需要自行改寫程式才有可能順利執行。當然，要注意外掛套件本身的授權可能不允許程式碼改寫。

遇到無法順利執行的外掛套件時，第一步是先確認jQuery的版本。假設在jQuery 1.x版可執行，升級為jQuery 2.x版無法執行時，可以先匯入「jQuery Migrate Plugin」。換句話說，就是透過下列的語法在HTML檔案中新增「script」元素。

```
<script src=http://ajax.googleapis.com/ajax/libs/jqeruy/2.1.1/jquery.min.js"></script>
```

```
<script src=http://ajax.googleapis.co/ajax/libs/jquery/2.1.1/jquery.min.js></script>
<script src=http://code.jquery.com/jquery-migrate-1.2.1.min.js></script>
```

若藉此操作外掛套件能夠順利執行則算是大功告成了。

若仍無法執行，而外掛套件又是使用1.5～1.7版本的jQuery函式庫時，則可能需要改寫非同步傳輸處理的命令。1.5版之後，非同步處理的jQuery Deffered方法已有所變動，各位讀者可到下列的網頁查看新的方法與已刪除的使用方法，並改寫為可支援的方法。

● **Deferred Object jQuery API Documentation**

URL http://api.jquery.com/category/deferred-object/

■ Deferred Object | jQuery Api Documentation網頁

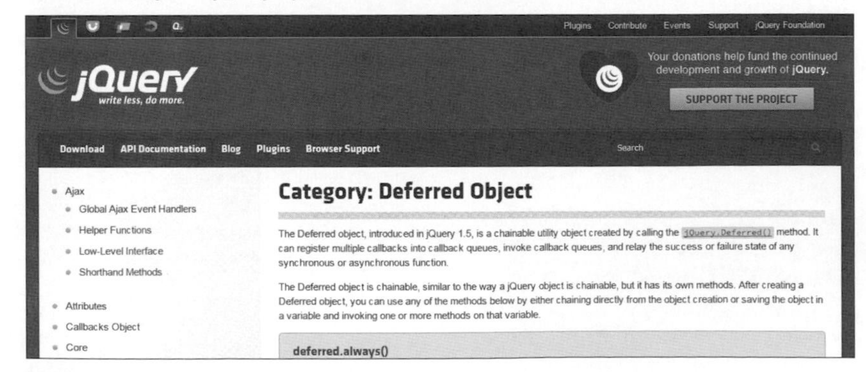

如果是在1.6版可以執行，而1.7版之後無法執行外掛套件時，大多可能是與事件有關的方法出了問題，此時可以將外掛套件中的「live()」方法改寫成「on()」方法，或是將「die()」方法改寫成「off()」方法，或許就有可能順利執行了。

● **Event Handler Attachment jQuery API Documentation**

URL http://api.jquery.com/category/events/event-handler-attachment/

■ Event Handler Attachment | jQuery API Documentation網頁

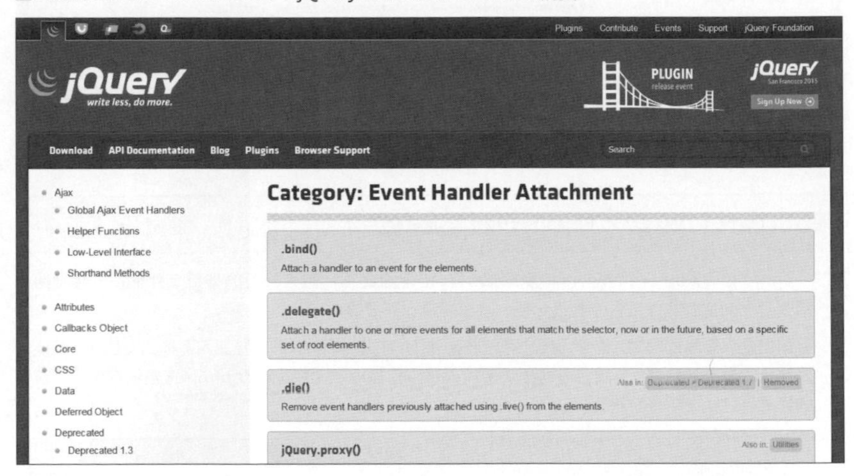

此外，jQuery 1.9版之後，已刪除每次點選即可交互呼叫兩個處理的「toggle()」方法，因此必須另外撰寫取代「toggle()」方法的程式，或是重新撰寫程式的架構。

要確認jQuery到底停用了哪些命令，可以點選左側的「Deprecated」項目，再點選要確認的jQuery版本。方法欄中若出現「removed」字樣，就代表該方法已被刪除，無法在該jQuery版本中執行。

若是上述的方法都無法解決無法執行的問題，建議改用支援新版函式庫的瀏覽器。

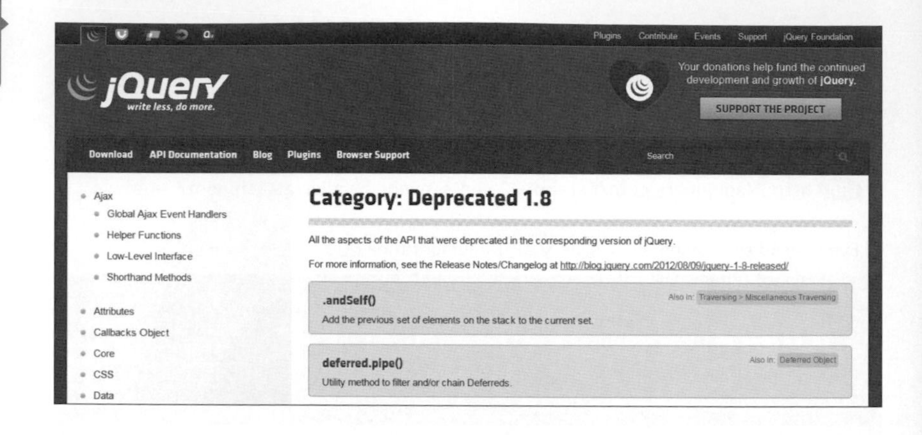

COLUMN 讓程式支援jQuery相容函式庫

Zepto.js與App Framework都屬於jQuery相容函式庫，但大部分的外掛套件都不支援這類函式庫。而且有些外掛套件雖然支援，但在使用上卻很複雜。

即便是很簡單的程式，也有可能一開始就出錯而無法執行。不過只要加入下列的程式碼，就能讓部分的外掛套件執行。請將下列程式碼加入HTML檔中，放在匯入Zepto.js這類相容性函式庫的程式碼之後。

```
<script>
jQuery = $;
</script>
```

加入上述程式之後，再匯入要使用的jQuery外掛套件。

COLUMN ■ jQuery外掛套件的製作方法

光是現成的jQuery外掛套件可能無法滿足全面的需求，此時不妨試著自行製作外掛套件。

有關jQuery外掛套件的製作方法，請參考本人拙著《jQuery+jQuery UI+jQuery Mobile逆引きハンドブック》（C&R研究所出版；ISBN978-4-86354-149-8）的附錄，內容介紹了各種自製外掛套件的方法。雖然某些外掛套件的製作方式較為困難，但大部分的製作方式都不難，請大家務必嘗試自行製作外掛套件。

jQuery Plugin HANDBOOK

CHAPTER 02

顏色／Color

004 顯示檢色器

外掛套件名稱	Color Picker
外掛套件版本	無
URL	http://www.eyecon.ro/colorpicker/

本單元要介紹的是檢色器外掛套件。

●HTML語法（index.html）

```
<!DOCTYPE html>
<html>
  <head>
    <meta charset="utf-8">
    <title>Sample</title>
    <link rel="stylesheet" type="text/css" href="css/colorpicker.css">
    <style>
      #mycolorpicker {
        width: 356px;
        height: 176px;
      }
      #result {
        width: 64px;
        height: 64px;
        border:1px solid black;
      }
    </style>
    <script src="http://ajax.googleapis.com/ajax/libs/jquery/2.1.1/jquery.min.js">
      </script>
    <script src="js/colorpicker.js"></script>
    <script src="js/sample.js"></script>
  </head>
  <body>
    <h1>顯示檢色器</h1>
    <div id="mycolorpicker"></div>
    <div id="result"></div>
  </body>
</html>
```

●**JavaScript語法（sample.js）**

```
$(function(){
  // 將檢色器嵌入頁面
  $("#mycolorpicker").ColorPicker({
    // 嵌入檢色器
    flat: true,
    // 變更顏色時進行處理
    onChange : function(hsb, hex, rgb){
      // 將選取的顏色設定為背景色
      $("#result").css("background-color", "#"+hex);
    }
  });
});
```

顯示檢色器嵌入頁面的狀態。

從檢色器選取顏色之後，元素的背景色會立刻產生變化。

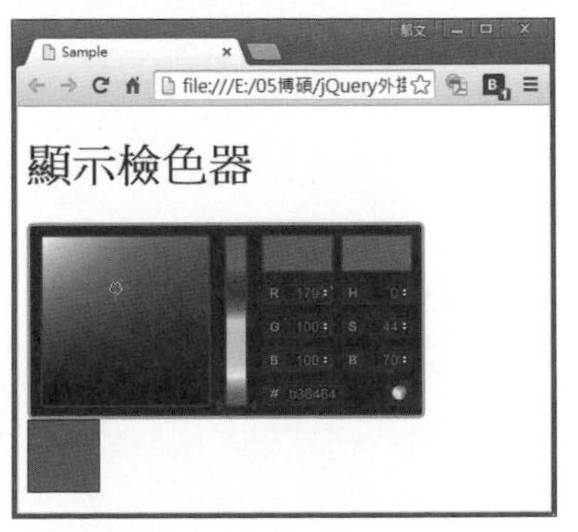

ONEPOINT　顯示檢色器的外掛套件「ColorPicker」

ColorPicker是顯示檢色器的外掛套件之一。ColorPicker是顯示檢色器的必要元素。在目標元素執行「colorPicker()」方法時，必須指定檢色器是否嵌入頁面，以及選擇顏色之後的處理。雖然不設定任何選項也能使用這個方法，但此時不點選元素則無法顯示檢色器。

ColorPicker的選項請參考下列表格。

■ 可指定的選項

選項	說明
evenName	用於顯示檢色器的事件名稱；預設值為「click」
color	預設的顏色，可以透過RGB格式(#rrggbb)或HSB格式(r:255, g:128, b:64)指定；預設值為紅色(#ff0000)
flat	檢色器是否嵌入頁面；指定為「true」則為嵌入
livePreview	是否即時預覽顏色；預設值為「true」時顯示即時預覽
onShow	檢色器顯示之後觸發的事件，可以用來指定事件處理器
onBeforeShow	檢色器顯示之前觸發的事件，可以用來指定事件處理器
onHide	檢色器隱藏時觸發的事件，可以用來指定事件處理器
onChange	檢色器的值產生變化時觸發的事件，可以用來指定事件處理器
onSubmit	檢色器被選取（決定）顏色時觸發的事件，可以用來指定事件處理器

MEMO

005 顯示固定色的檢色器

外掛套件名稱	iColor Picker
外掛套件版本	無
URL	http://www.htmldrive.net/items/show/305/iColorPicker-jQuery-plugin-The-Easiest-Color-Picker-Ever

本單元要介紹的是顯示固定色檢色器的外掛套件。

●HTML語法（index.html）

```
<!DOCTYPE html>
<html>
  <head>
    <meta charset="utf-8">
    <title>Sample</title>
    <link rel="stylesheet" type="text/css" href="css/colorpicker.css">
    <script src="http://ajax.googleapis.com/ajax/libs/jquery/2.1.1/jquery.min.js">
      </script>
    <script src="js/iColorPicker.js"></script>
  </head>
  <body>
    <h1>顯示固定色格式的檢色器</h1>
    <form>
 <input id="mycolor" type="text" value="green" class="iColorPicker">
    </form>
  </body>
</html>
```

文字欄位的右側將出現顯示檢色器專用的圖示，請點選該圖示。

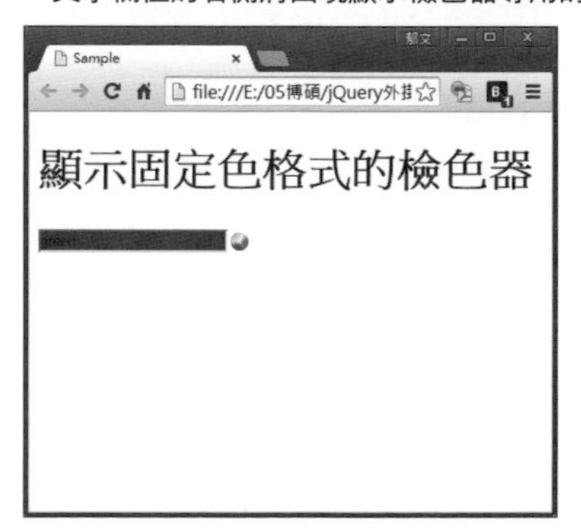

iColor Picker

如此一來即可顯示檢色器。移動滑鼠可以選取顏色，按下左鍵則可決定顏色。

點選顏色。

ONEPOINT　從固定色選取顏色的外掛套件「iColor Picker」

iColor Picker並非選擇任意的顏色，是一種於預定的色彩中挑選顏色的外掛套件。iColor Picker不需另外撰寫指令檔，匯入函式庫即可使用檢色器。

iColor Picker在HTML的「input」元素定義了必要的屬性，而必要的屬性為「ID」與「class」屬性。「class」屬性可以指定為「iColorPicker」。此外，若想要自行設定預設色，可以將代表顏色的字串以16進位色碼指定給「value」屬性。如此一來，文字欄位右側將會顯示檢色器的圖示，點選時就會顯示檢色器。

006 顯示色環檢色器

外掛套件名稱	Farbtastic Color Picker
外掛套件版本	1.2
URL	http://acko.net/blog/farbtastic-jquery-color-picker-plug-in/

本單元要介紹的是顯示色環檢色器的外掛套件。

●HTML語法（index.html）

```
<!DOCTYPE html>
<html>
  <head>
    <meta charset="utf-8">
    <title>Sample</title>
    <link rel="stylesheet" type="text/css" href="css/farbtastic.css">
    <style>
      #result {
        width: 256px;
        height: 64px;
        border:1px solid black;
        font-size: 0.75em;
      }
    </style>
    <script src="http://ajax.googleapis.com/ajax/libs/jquery/2.1.1/jquery.min.js"></script>
    <script src="js/farbtastic.js"></script>
    <script src="js/sample.js"></script>
  </head>
  <body>
    <h1>色環檢色器</h1>
    <form id="bg">
 <input type="text" id="color" value="#f00">
 <input type="button" value="設定顏色" id="setColor">
    </form>
    <div id="colorpicker"></div>
    <div id="result">在色環檢色器中選取顏色，該色就會被設定為背景色</div>
  </body>
</html>
```

●JavaScript語法（sample.js）

```
$(function(){
  // 在頁面中顯示檢色器
  $("#colorpicker").farbtastic("#color");
  // 顏色變更後，設定div元素內的背景色
```

Farbtastic Color Picker

```
  $("#setColor").click(function(){
    // 讀取選取的顏色
    var color = $("#color").val();
    // 設定背景色
    $("#result").css("background-color", color);
  });
});
```

顯示檢色器內嵌於頁面的狀態。

在檢色器中拖曳或點選顏色，顏色將產生變化。

點選「設定顏色」按鈕，「div」元素的背景色將產生變化。

ONEPOINT　利用色環選取顏色的外掛套件「Farbtastic Color Picker」

Farbtastic Color Picker是一套顯示色環檢色器的外掛套件，使用時需要顯示選取顏色的文字欄位以及顯示色環的「div」元素。「div」元素必須位於「form」元素之外，否則將無法正確顯示顏色。

完成HTML的設定後，即可對顯示色環的「div」元素呼叫「farbtastic()」方法。參數可指定顯示選取色的文字欄位的ID名稱，或是CallBack函數。

007 選取漸層色

外掛套件名稱	GRADX
外掛套件版本	無
URL	http://codologic.com/page/gradx-jquery-javascript-gradient-selector-library

本單元要介紹的是能選取漸層色的外掛套件。

●HTML語法（index.html）

```
<!DOCTYPE html>
<html>
  <head>
    <meta charset="utf-8">
    <title>Sample</title>
    <link rel="stylesheet" type="text/css" href="css/gradX.css">
    <link rel="stylesheet" type="text/css" href="css/colorpicker.css">
    <style>
      #result {
        width: 480px;
        height: 120px;
        border:1px solid black;
      }
    </style>
    <script src="http://ajax.googleapis.com/ajax/libs/jquery/2.1.1/jquery.min.js">
      </script>
    <script src="js/colorpicker.min.js"></script>
    <script src="js/dom-drag.js"></script>
    <script src="js/gradX.js"></script>
    <script src="js/sample.js"></script>
  </head>
  <body>
    <h1>選取漸層色</h1>
    <div id="colorpicker"></div>
    <div id="result"></div>
  </body>
</html>
```

●JavaScript語法（sample.js）

```
$(function(){
  // 顯示漸層檢色器
  gradX("#colorpicker" , {
    // 設定為線性漸層
    type : "linear",
```

```
    // 設定預設漸層色
    sliders: [
      {  // 設定第一個漸層的位置與顏色
        color: "rgb(255, 0, 0)",
        position: 20
      },
        {  // 設定第二個漸層的位置與顏色
        color: "rgb(255, 255, 0)",
        position: 80
      }
    ],
    change : function(stops, styles){
      // 將設定好的漸層資訊套用至div元素
      $("#result").css("background", styles[0]);
    }
  });
});
```

顯示了漸層檢色器與實際反映在畫面裡的漸層色，如以下所示。

將色標向左右拖曳就能調整漸層的位置，而點選色標則能夠選取漸層色。選取顏色之後，將立即在下方的漸層色反映選取結果。

點選「show the code」可以顯示CSS所需的程式碼。

也能夠指定漸層的形狀樣式與開始位置。

ONEPOINT 選取漸層色的外掛套件「GRADX」

「GRADX」是可以選取漸層色的外掛套件。這套外掛套件要顯示漸層色之前，必須先建立「div」元素。「gradX()」方法的第一個參數可指定顯示漸層色的元素。

預先將事件處理器指定給「change」，就能在漸層色內容改變時，即時顯示當下的漸層色。

此外，「gradX()」方法的第二個參數可指定下列表格內的選項。

■ 可指定的選項

選項	說明
type	漸層的樣式；可指定為「"linear"」、「"circle"」、「"ellipse"」的字串
direction	漸層的方向；當「type」為「"linear"」時，可指定為「"left"」、「"right"」、「"top"」、「"bottom"」的字串；當「type」為「"circle"」或「"ellipse"」時，則可指定「"left"」、「"center"」、「"right"」其中之一，或是「"top"」、「"center"」、「"bottom"」其中一個字串
code_shown	是否顯示漸層色的CSS；「true」代表顯示
targets	用來儲存透過「change」事件更新的多個元素陣列；元素必須是可透過jQuery選擇器指定的元素
sliders	設定漸層色標的位置與顏色，可利用陣列指定需要的色標數量；漸層色標的位置可以由「position」指定，而顏色則由「color」指定；「color」也可以利用顏色字串或16進位色碼指定
change	指定在顏色變更時呼叫的事件處理器；這裡的事件處理器必須接收到具有色標與漸層標題資訊的陣列

008 利用簡單的檢色器選取特定顏色

外掛套件名稱	Really Simple Color Picker
外掛套件版本	無
URL	http://www.htmldrive.net/items/show/173/Jquery-small-color-picker-plugin

本單元要介紹的是利用簡單的檢色器選取特定顏色的外掛套件。

●HTML語法（index.html）

```
<!DOCTYPE html>
<html>
  <head>
    <meta charset="utf-8">
    <title>Sample</title>
    <link rel="stylesheet" type="text/css" href="css/colorPicker.css">
    <style>
      #result {
        width: 256px;
        height: 64px;
        border:1px solid black;
        font-size: 0.75em;
      }
    </style>
    <script src="http://ajax.googleapis.com/ajax/libs/jquery/2.1.1/jquery.min.js">
      </script>
    <script src="js/jquery.colorPicker.js"></script>
    <script src="js/sample.js"></script>
  </head>
  <body>
    <h1>利用檢色器選取特定的顏色</h1>
    <form>
  <input type="text" id="mycolorpicker" value="#ff0000">
    </form>
    <div id="result">透過檢色器選取顏色後，該色將成為背景色</div>
  </body>
</html>
```

●JavaScript語法（sample.js）

```
$(function(){
  // 新增自訂顏色
  $.fn.colorPicker.addColors([
```

```
    "ee0000", "aa0000", "700", "400"
  ]);
  // 將檢色器嵌入頁面
  $("#mycolorpicker").colorPicker();
  // 選取顏色之後(值產生變化時),將該色設定為背景色
  $("#mycolorpicker").change(function(){
    // 讀取於檢色器選取的值
    var col = $(this).val();
    // 將選取的顏色設定為背景色
    $("#result").css("background-color", col);
  });
});
```

要透過檢色器選取顏色時，可以點選檢色器的圖示。

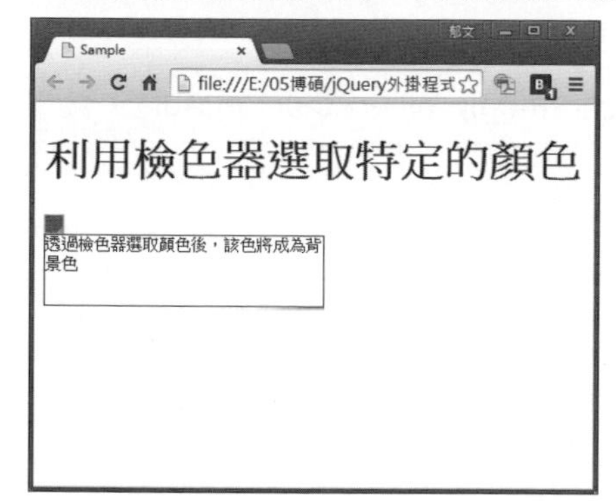

檢色器出現在畫面之後，即可點選顏色。

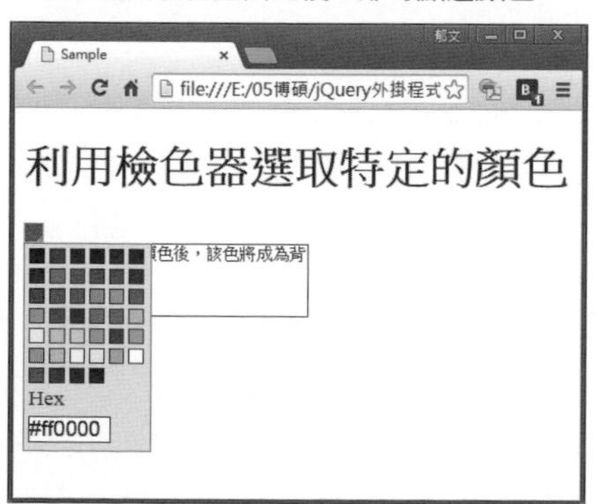

矩形外框的背景色將被設定為剛透過檢色器選取的顏色。

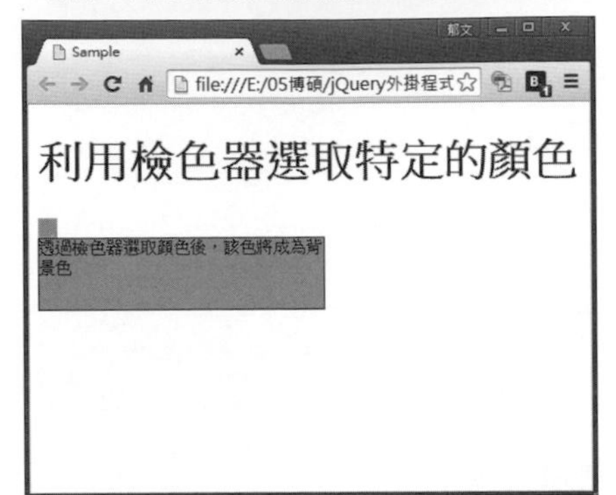

ONEPOINT　選取特定顏色的外掛套件「Really Simple Color Picker」

「Really Simple Color Picker」是超簡單檢色器外掛套件。它可在預設的顏色中新增自訂色，也能選取新增的自訂色。

要利用Really Simple Color Picker這套外掛套件顯示檢色器之前，必須要先建立「input」元素，而選取的色將會儲存在「input」元素的「value」屬性中。此外，可以透過這個屬性指定預設色。

Really Simple Color Picker整個過程只對「input」元素呼叫「colorPicker」方法，就能自動顯示檢色器的按鈕。除此之外，也預設了下列表格內的方法。

■ 可使用的方法

方法	說明
addColors()	以陣列格式指定新增的顏色
change()	指定顏色變更時觸發的事件處理器
defaultColors()	以陣列格式指定預設色票

009 利用簡單的檢色器選取特定顏色或任意色

外掛套件名稱	Simple Best jQuery Color Picker
外掛套件版本	無
URL	http://www.htmldrive.net/items/show/606/Simple-Best-jQuery-Color-Picker

本單元要介紹的是，能夠在簡單的檢色器中選取特定顏色或任意顏色的外掛套件。

●HTML語法（index.html）

```
<!DOCTYPE html>
<html>
  <head>
    <meta charset="utf-8">
    <title>Sample</title>
    <style>
      .icolor td {
        width: 15px;
        height: 15px;
        border: solid 1px #000000;
        cursor:pointer;
      }
      .icolor table{
        background-color: #FFFFFF;
        border: solid 1px #ccc;
      }
      .icolor .icolor_tbx {
        width:170px;
        border-top:1px solid #999;
        border-left:1px solid #ccc;
        border-right:1px solid #ccc;
        border-bottom:1px solid #ccc;
      }
      #result {
        width: 256px;
        height: 64px;
        border:1px solid black;
        font-size: 0.75em;
      }
    </style>
    <script src="http://ajax.googleapis.com/ajax/libs/jquery/2.1.1/jquery.min.js">
      </script>
    <script src="js/jquery.icolor.min.js"></script>
    <script src="js/sample.js"></script>
```

```
    </head>
    <body>
      <h1>透過檢色器選取顏色</h1>
      <div id="iColor"></div>
      <div id="result">在檢色器選取顏色後，即可將該色設定為背景色</div>
    </body>
</html>
```

●**JavaScript語法（sample.js）**

```
$(function(){
  // 新增自訂色
  $("#iColor").icolor({
    // 將檢色器嵌入頁面
    flat :  true,
    // 設定為可選取任意色
    showInput : true,
    // 選取顏色之後，將該色設定為div元素的背景色
    onSelect : function(color){
      $("#result").css("background-color", color);
    }
  });
});
```

當滑鼠游標移至色票上，文字欄位的背景色就會變成該顏色。

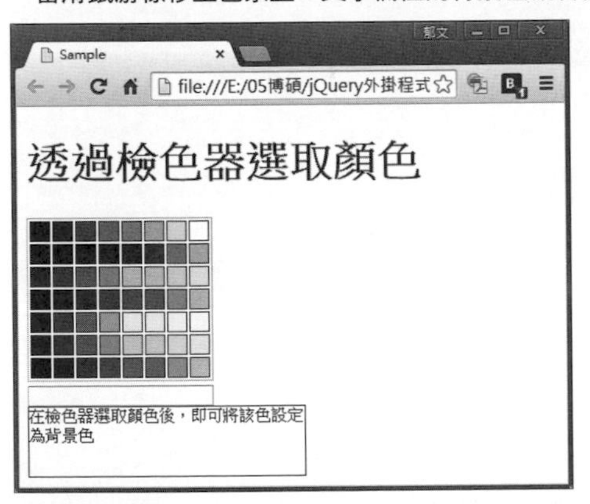

點選色票的圖示即可選取顏色。點選之後，檢色器下方的方塊的背景色，就會被設定為剛剛選取的顏色。

ONEPOINT 外觀簡單但功能豐富的檢色器「Simple Best jQuery Color Picker」

「Simple Best jQuery Color Picker」是外觀簡單但功能豐富的檢色器。這套外掛套件可以自行新增固定色與自訂色，可以在文字欄位內輸入色碼與顏色名稱來選取顏色。

使用Simple Best jQuery Color Picker之前必須建立顯示檢色器的「div」元素，並對這個元素呼叫「icolor()」方法。呼叫時，還能設定是否讓檢色器嵌入頁面的選項。可設定的選項如下。

■ 可使用的選項

選項	說明
flat	檢色器是否嵌入頁面；「true」為嵌入
showInput	是否可在文字欄位輸入任意色；「true」為啟用，有時指定為「false」會發生錯誤
title	色票的標題
colors	指定儲存色票的陣列
cl	使用的CSS名稱
okTpl	指定顯示OK按鈕的HTML字串
autoClose	是否自動開關檢色器
onSelect	點選色票之後呼叫的事件處理器；事件處理器可以在選取顏色之後，接收該色的16進位字串；由於字串開頭為「#」，可視情況將其刪除
onShow	顯示檢色器時呼叫的事件處理器
beforeInit	初始化之前呼叫的事件處理器
afterInit	初始化之後呼叫的事件處理器
onOver	滑鼠游標移入時呼叫的事件處理器
onOut	滑鼠游標移出時呼叫的事件處理器
hover	是否啟用「Hover」事件（是否啟用事件處理器）；「true」為啟用

010 以檢色器選取特定顏色

外掛套件名稱	Jquery small color picker plugin
外掛套件版本	1.0.0 beta
URL	http://www.htmldrive.net/items/show/173/Jquery-small-color-picker-plugin

本單元要介紹的是能以檢色器選取特定色的外掛套件。

●HTML語法（index.html）

```
<!DOCTYPE html>
<html>
  <head>
    <meta charset="utf-8">
    <title>Sample</title>
    <link rel="stylesheet" type="text/css" href="css/smallColorPicker.css">
    <style>
      #result {
        width: 256px;
        height: 64px;
        border:1px solid black;
        font-size: 0.75em;
      }
    </style>
    <script src="http://ajax.googleapis.com/ajax/libs/jquery/2.1.1/jquery.min.js">
      </script>
    <script src="js/jquery.smallColorPicker.min.js"></script>
    <script src="js/sample.js"></script>
  </head>
  <body>
    <h1>以檢色器選取特定色</h1>
    <div id="mycolorpicker"></div>
    <div id="result">選取顏色後，該色將被設定為背景色</div>
  </body>
</html>
```

●JavaScript語法（sample.js）

```
$(function(){
  // 將檢色器嵌入頁面
  $("#mycolorpicker").smallColorPicker({
    // 設定預設色
    defaultColor : "pink",
```

```
      // 指定檢色器單列的顏色數量
      colorRows : 8,
      // 以陣列指定檢色器可選取的顏色色碼
      colorValues : [  "#000202","#953503","#35381D","#003906",
        "#03316D","#020274","#282AA1","#373737",
        "#7C0200","#F76905","#848000","#037B0D",
        "#008589","#0001FE","#63649D","#7E7E7E",
        "#FE0000","#F7981A","#93CD00","#2D9C69",
        "#21D4CE","#3860FF","#700788","#909090",
        "#F60EE0","#FFC500","#FFFC01","#00FF00",
        "#0CFFFD","#03CBFF","#AB245F","#B9B9B9",
        "#FF8CCE","#FFCB90","#FFFF94","#BFFFC5",
        "#C4FFFF","#92CDFF","#D996FF","#FFFFFF" ]
    });
    // 選取顏色後(值產生變化時)設定背景色
    $("#result").on("click", function(){
      // 讀取在檢色器選取的顏色
      var col = $("#mycolorpicker").val();
      // 將選取的顏色設定為背景色
      $(this).css("background-color", col);
    });
  });
```


要以檢色器選取顏色時，可先點選檢色器的圖示按鈕開啟檢色器，再從檢色器選取需要的顏色。

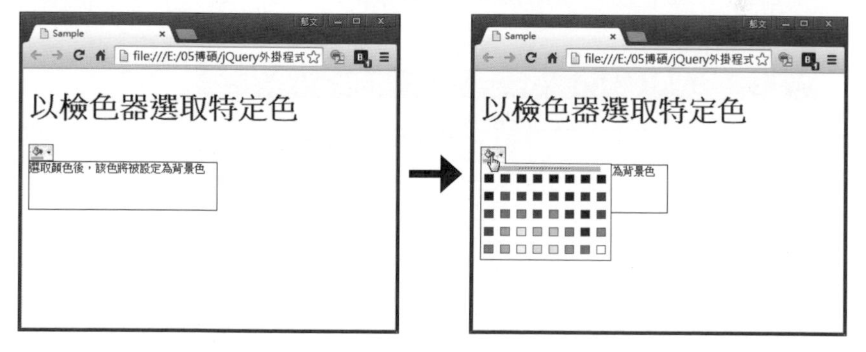

點選黑框長方形即可將剛剛選取的顏色設定為背景色。

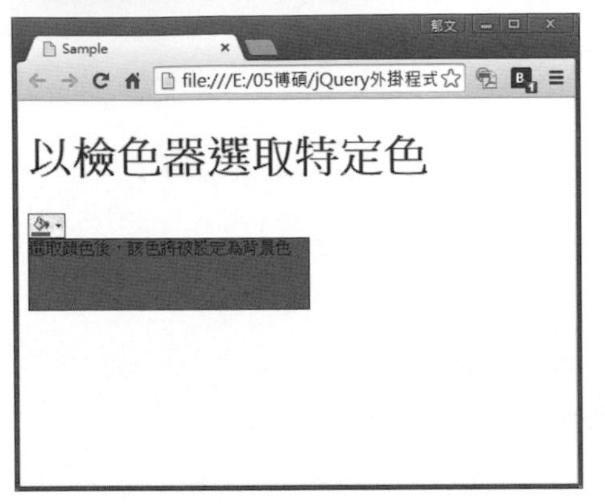

ONEPOINT 可透過檢色器選取特定色的外掛套件「Jquery small color picker」

「Jquery small color picker」是可透過檢色器選取特定色的外掛套件。這套外掛套件可以利用陣列指定可選取的顏色，而且也可以由設計者決定可選取的顏色數量。

使用Jquery small color picker之前，必須先建立顯示檢色器的元素。接著只要對該元素執行「smallColorPicker()」方法，就會自動顯示檢色器圖示按鈕。其他預設選項如下表所示。

■ 可指定的選項

選項	說明
defaultColor	預設色
colorRows	檢色器單列顯示的顏色數量
colorValue	儲存檢色器顏色的陣列
buttonBackClassName	「back」按鈕的CSS類別名稱
buttonBackColorClassName	按鈕顏色的CSS類別名稱
buttonOnPopupClassName	按鈕跳出時的CSS類別名稱
popupClassName	跳出時的按鈕的CSS類別名稱
popupHeader	跳出時的Header的CSS類別名稱
clearClassName	「div」元素的「clear」類別名稱

011 顯示色票顏色

外掛套件名稱	jQuery Swatches
外掛套件版本	無
URL	http://maxmackie.github.io/jquery.swatches/

本單元要介紹的是顯示色票顏色的外掛套件。

●HTML語法（index.html）

```
<!DOCTYPE html>
<html>
  <head>
    <meta charset="utf-8">
    <title>Sample</title>
    <link rel="stylesheet" type="text/css" href="css/swatches.css">
    <style>
      #result {
        width: 360px;
        height: 64px;
        border:1px solid black;
        font-size: 0.75em;
      }
      .swatch {
        width: 360px;
      }
    </style>
    <script src="http://ajax.googleapis.com/ajax/libs/jquery/2.1.1/jquery.min.js">
      </script>
    <script src="js/jquery.swatches.js"></script>
    <script src="js/sample.js"></script>
  </head>
  <body>
    <h1>顯示色票顏色</h1>
    <div class="swatch" data-name="只有原色" data-colors="#000000,blue,red,#f0f,
      #0f0,#0ff, #ff0"></div>
  </body>
</html>
```

●**JavaScript語法（sample.js）**

```
$(function(){
  //顯示色票顏色
  $(".swatch").swatchify();
});
```

顯示指定的色票顏色。

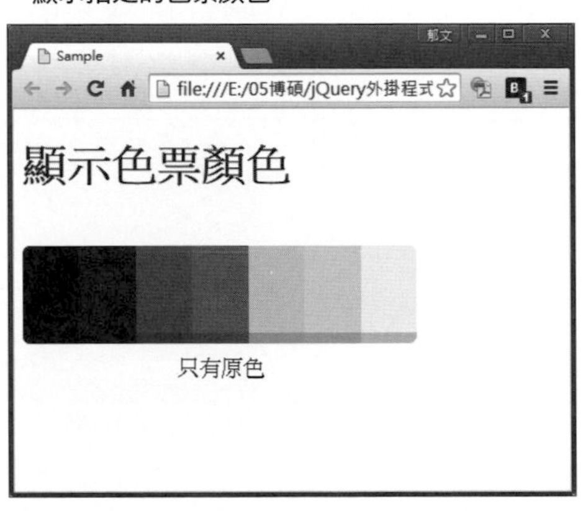

ONEPOINT　顯示色票顏色的外掛套件「jQuery Swatches」

「jQuery Swatches」是顯示色票顏色的外掛套件。這套外掛套件只能顯示預設的顏色，所以無法點選在畫面上顯示的顏色。執行jQuery Swatches之後，當滑鼠游標移到色票上，即可顯示色票的名稱。

使用jQuery Swatches之前必須建立顯示色票的「div」元素，而這個「div」元素必須利用HTML5的「data」屬性指定顏色或名稱。可指定的值請見下表。

可以在指令檔中對「div」元素呼叫「swatchify()」方法。

此外，「swatchify()」方法沒有任何參數與選項。

■ 可指定的屬性

屬性	說明
data-name	指定色票整體的名稱
data-colors	顯示的顏色，可利用「,」(逗號)間隔指定的顏色；可以透過「red」或「#ffe」、「#00ff44」這種格式來指定顏色

jQuery Plugin HANDBOOK

CHAPTER 03

地圖

012 顯示Google地圖①

外掛套件名稱	initmap.js
外掛套件版本	1.0.6
URL	https://github.com/wakooka/initmap.js

本單元要介紹的是Google地圖的外掛套件。

●HTML語法（index.html）

```
<!DOCTYPE html>
<html>
  <head>
    <meta charset="utf-8">
    <title>Sample</title>
    <style>
      #myMap { width: 500px; height: 500px; border:1px solid black; }
    </style>
    <script src="http://ajax.googleapis.com/ajax/libs/jquery/2.1.1/jquery.min.js">
      </script>
    <script src="https://maps.googleapis.com/maps/api/js?sensor=false" ↵
    type="text/javascript"></script>
    <script src="js/initmap.min.js"></script>
    <script src="js/sample.js"></script>
  </head>
  <body>
    <h1>顯示地圖</h1>
    <div id="myMap"></div>
  </body>
</html>
```

●JavaScript語法(sample.js)

```
$(function(){
  // 於做為容器的myMap中顯示Google地圖
  $("#myMap").initMap({
    // 以台灣做為地圖中心，也能直接指定經緯度
    center : "Taiwan",
    // 顯示一般的地圖
    type : "roadmap",
    // 地圖選項
    options : {
      // 縮放比例設定為5
      zoom : 5
```

```
      },
      //顯示標記
      markers: {
        //指定標記的名稱與選項
        marker_tokyo : {
          //指定位置，可以指定經緯度
          position : "Taipei"
        }
      }
    });
  });
```

以瀏覽器開啟後，即可顯示Google地圖。標記設定在台灣台北市。

initmap.js

ONEPOINT　顯示Google地圖的外掛套件「initmap.js」

「initmap.js」是可以輕易顯示Google地圖的外掛套件。initmap.js可省去麻煩，統一設定所有顯示地圖的選項，在HTML檔中只需要指定做為地圖容器使用的「div」元素。一旦對此「div」元素呼叫「initMap()」方法，就能顯示Google地圖，並且還能夠指定是否顯示衛星檢視、縮放比例、街景服務這類選項。

initmap.js可指定的主要選項請參考以下說明。

■ 可指定的選項

選項	說明
center	地圖中心點，可透過地名或經緯度（lat、lng）指定；若想要以經緯度指定時，可以使用「[48.861553,2.351074]」這種陣列
type	地圖的種類；可透過「"hybrid"」、「"roadmap"」、「"satellite"」、「terain」其中一個字串指定
options	各種選；項可指定的選項請參考『「options」可指定的選項』表格
markers	標記；可指定的選項請參考『「markers」可指定的選項』表格
controls	控制器；可指定的選項請參考『「controls」可指定的選項』表格

■「options」可指定的選項

選項	說明
zoom	縮放比例
scrollwheel	是否能以滑鼠滾輪縮放地圖；可指定為「true」或「false」

■「markers」可指定的選項

選項	說明
position	標記位置，可透過地名或經緯度指定。若以經緯度指定時，可以使用「[48.861553,2.351074]」這種陣列指定
info_window	資訊視窗；可指定的選項請參考『「info_window」可指定的選項』表格」
animation	指定標記動畫的種類；可透過「"bounce"」或「"drop"」字串指定
options	標記選項；「icon」可指定圖示圖片的URL，「title」可指定標記標題

■「info_window」可指定的選項

選項	說明
content	指定顯示的內容
disableAutoPan	是否能自動位移顯示；可指定為「true」或「false」
maxWidth	指定資訊視窗的最大寬度
hideOn	指定隱藏資訊視窗的事件名稱（「"mouseout"」這類的字串）
showOn	指定顯示資訊視窗的事件名稱（「"click"」這類的字串）
zIndex	指定Z座標

■「controls」可指定的選項

選項	說明
map_type	地圖種類；可指定為「type」、「position」、「style」這三個選項，或是「true」與「false」
pan	可指定pan控制器的位置，或是「true」與「false」
rotate	可指定rotate控制器的位置，或是「true」與「false」
scale	指定尺規控制器的位置，或是「true」與「false」
street_view	街景控制器的位置，或是「true」與「false」
zoom	zoom控制器的位置，或是「true」與「false」

013 顯示Google地圖②

外掛套件名稱	jQuery Google Map
外掛套件版本	1.2.0
URL	http://tilotiti.github.io/jQuery-Google-Map/

本單元要介紹與48頁不同的Google地圖外掛套件。

●HTML語法（index.html）

```
<!DOCTYPE html>
<html>
  <head>
    <meta charset="utf-8">
    <title>Sample</title>
    <style>
      #myMap { width: 500px; height: 500px; border:1px solid black; }
    </style>
    <script src="http://ajax.googleapis.com/ajax/libs/jquery/2.1.1/jquery.min.js">
        </script>
    <script src="https://maps.googleapis.com/maps/api/js?sensor=false" ↵
    type="text/javascript"></script>
    <script src="js/jquery.googlemap.js"></script>
    <script src="js/sample.js"></script>
  </head>
  <body>
    <h1>顯示Google地圖</h1>
    <div id="myMap"></div>
  </body>
</html>
```

●JavaScript語法（sample.js）

```
$(function(){
  $("#myMap").googleMap({
    // 以陣列指定經緯度
    coords : [25.0479239, 121.517081],
    //顯示一般地圖
    type : "ROADMAP",
    // 將縮放比例設定為9
    zoom : 9
  });
```

```
    // 顯示標記
    $("#myMap").addMarker({
      // 以陣列指定經緯度
      coords: [25.0479239, 121.517081],
      // 指定於工具提示顯示的文字
      title : "【台北車站】",
      // 指定資訊視窗顯示的內容
      text : "這是傳說中的台北車站"
    });
  });
```

以瀏覽器開啟就能顯示Google地圖。地圖的中心點為台灣台北市的台北車站。

當滑鼠移至標記上，工具提示將自動顯示。

點選標記時，資訊視窗將於標記上層顯示。

ONEPOINT　可輕易顯示Google地圖的外掛套件「jQuery Google Maps」

「jQuery Google Maps」是可輕易顯示Google地圖的外掛套件。使用方法非常簡單，只要先建立顯示地圖的「div」元素再指定尺寸，接著對該「div」元素呼叫「googleMapl()」方法，就能夠顯示Google地圖了。

地圖的顯示位置與縮放比例則可以透過「googleMap()」方法的選項指定，也能新增標記。「googleMap()」方法可指定的選項請參考下列表格。

■ 可指定的選項

選項	說明
zoom	指定縮放比例
coords	以陣列格式指定經緯度
type	指定地圖種類；能以「"ROADMAP"」、「"SATELLITE"」、「"HYBRID"」、「"TERRAIN"」其中一個字串指定

標記能指定的選項如下表。

■ 標記可指定的選項

選項	說明
coords	以陣列格式指定經緯度
id	指定標記ID
url	指定URL
title	指定於工具提示顯示的字串
text	指定於資訊視窗顯示的內容

014 顯示指定地點的位置

外掛套件名稱	jquery.gmap3
外掛套件版本	0.4
URL	https://github.com/bumberboom/jquery.gmap3

本單元要介紹的是顯示指定位置地圖的外掛套件。

●HTML語法（index.html）

```
<!DOCTYPE html>
<html>
  <head>
    <meta charset="utf-8">
    <title>Sample</title>
    <style>
      #myMap { width: 500px; height: 500px; border:1px solid black; }
    </style>
    <script src="http://ajax.googleapis.com/ajax/libs/jquery/2.1.1/
        jquery.min.js"></script>
    <script src="https://maps.googleapis.com/maps/api/js?sensor=false" ↵
    type="text/javascript"></script>
    <script src="js/jquery.gmap3.js"></script>
    <script src="js/sample.js"></script>
  </head>
  <body>
    <h1>顯示指定位置的地圖</h1>
    <div id="myMap"></div>
  </body>
</html>
```

●JavaScript語法（sample.js）

```
$(function(){
  // 於做為容器的myMap中顯示Google地圖
  $("#myMap").gmap3({
    // 地圖的中心點設定為台北車站，也可以經緯度指定
    address : "台北車站",
    // 將縮放比例設定為8
    zoom : 8,
    // 顯示標記所需的陣列
    markers: [
```

jquery.gmap3

```
    {  // 指定位置；可透過經緯度指定
   address : "台北市台北車站",
   // 指定於標記工具提示顯示的文字
   title : "【台北車站】",
   // 資訊視窗的內容
   content : "這裡是傳說中的台北車站"
 }
    ]
  });
});
```

以瀏覽器開啟就能顯示Google地圖。地圖是以台北市台北車站為中心點，同時也顯示標記。

當滑鼠移至標記上方，工具提示將自動顯示。

點選標記，資訊視窗將自動開啟。

ONEPOINT　利用地理編碼顯示地圖的外掛套件「jquery.gmap3」

Google地圖可利用地理編碼顯示指定位置的地圖，而jquery.gmap3則是利用地理編碼輕易地顯示指定位置地圖的外掛套件。只要在HTML檔中指定顯示地圖的容器「div」元素，再對該「div」元素呼叫「gmap3()」方法就能顯示地圖。「gmap3()」方法的選項，可指定顯示指定位置的地圖，也可以在地圖裡顯示多個標記。

「gmap3()」方法可指定的選項請見下表。

■ 可指定的選項

選項	說明
address	指定顯示的位置
latitude	指定緯度；若已指定了「address」，將以「address」的設定為優先
longitude	指定經度；若已指定了「address」，將以「address」的設定為優先
zoom	指定縮放比例
navigationControl	是否顯示控制器；設定為「true」即顯示
mapTypeControl	是否顯示可指定地圖種類的控制器；設定為「true」即顯示
scaleControl	是否顯示縮放控制器；設定為「true」即顯示
markers	以陣列指定顯示的標記；陣列元素可透過下表的選項

■「markers」可指定的選項

選項	說明
address	指定顯示標記的位置
latitude	指定標記的緯度；若已指定了「address」，將以「address」的設定為優先
longitude	指定標記的經度；若已指定了「address」，將以「address」的設定為優先
title	滑鼠移入標記時顯示的工具提示
content	指定資訊視窗的內容
icon	顯示標記圖示的URL；若要自訂標記時，可設定此選項
openInfo	開啟地圖時，是否顯示資訊視窗；設定為「true」即表示顯示

015 將地圖做為一張圖片顯示

外掛套件名稱	Static-google-Maps
外掛套件版本	無
URL	https://github.com/ShvedDmutro/Static-google-maps

本單元要介紹的是將地圖做為一張圖片顯示的外掛套件。

●HTML語法（index.html）

```
<!DOCTYPE html>
<html>
  <head>
    <meta charset="utf-8">
    <title>Sample</title>
    <script src="http://ajax.googleapis.com/ajax/libs/jquery/2.1.1/jquery.min.js">
        </script>
    <script src="js/map.js"></script>
    <script src="js/sample.js"></script>
  </head>
  <body>
    <h1>將地圖做為一張圖片顯示</h1>
    <a id="mapURL" target="_blank" href="#"><img id="myMap" src=""></a>
  </body>
</html>
```

●JavaScript語法（sample.js）

```
$(function(){
  // 設定顯示的地圖資訊
  var url = $.staticMap({
    // 地圖上的地址／場所／經緯度
    address: "玉山",
    // 地圖的寬度
    width: 256,
    height: 256,
    // 地圖的倍率(縮放比例)
    zoom: 9
  });
  // 在ID名稱為myMap的元素中顯示Static Map
  $("#myMap").attr("src", url);
  // 點選地圖後執行的處理
  var urlLive = $.liveMapLink({
```

```
    // 於連結位置顯示的地圖地址／場所／經緯度
    address: "富士山",
    // 地圖倍率（縮放比例）
    zoom: 11
  });
  // 點選地圖之後的連結
  $("#mapURL").attr("href", urlLive);
});
```

Google地圖將會以一張圖片的方式顯示。中心的位置為台灣阿里山。

點選地圖之後，將移動到一般的Google地圖頁面，顯示阿里山周邊的地圖。

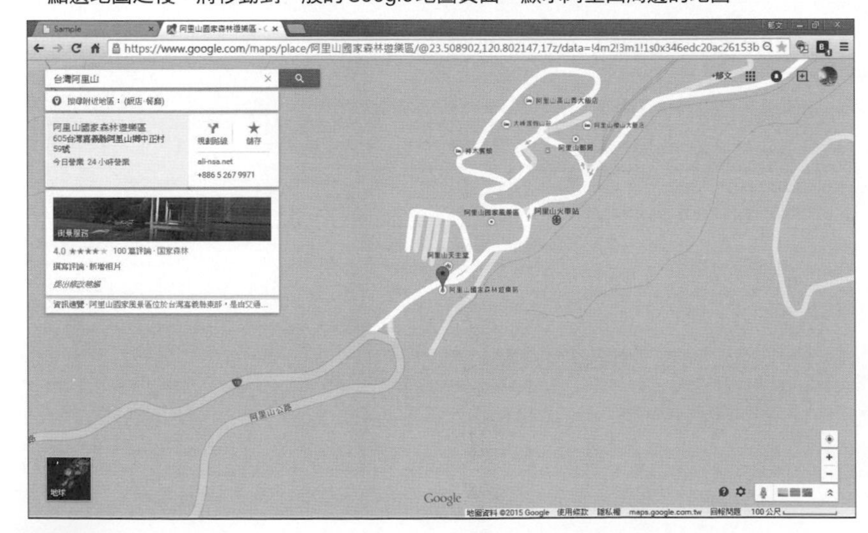

ONEPOINT 輕鬆產生靜態地圖的外掛套件「Static-google-Maps」

Google地圖分為可利用滑鼠自由操作的類型，以及將特定場所轉換成單張圖片的類型，而後者又稱為靜態地圖。能輕鬆產生靜態地圖的正是這次介紹的外掛套件「Static-google-Maps」。Static-google-Maps可以依照指定的選項產生靜態地圖的URL。

此外，也能夠指定點選時的地圖位置，而連結的位置將會是Google地圖的頁面。

對「$.staticMap()」方法指定下表的選項，就能夠將建立的URL指定給圖片的「src」屬性，也就能顯示靜態地圖了。

■「$.staticMap()」方法可指定的選項

選項	說明
address	指定要顯示的地址；除了可利用地址／地名指定，也可以利用經緯度指定
markerIcon	自訂標記時，要指定為標記圖片的URL
width	地圖的寬度
height	地圖的高度
zoom	地圖的縮放比例；值越大，地圖縮放比例越大

在「$.liveMapLink()」方法依下表選項指定之後，產生的URL即可指定給「a」元素的「href」屬性，連結位置的URL也就設定完成了。

■「$.liveMapLink()」方法可指定的選項

選項	說明
address	指定要顯示的地址；除了可利用地址／地名指定，也可以利用經緯度指定
zoom	地圖的縮放比例；值越大，地圖縮放比例越大

016 顯示SVG格式的地圖

外掛套件名稱	jQuery Mapael
外掛套件版本	0.6.0
URL	http://www.neveldo.fr/mapael/

本單元要介紹的是能夠顯示SVG格式的地圖。

●HTML語法（index.html）

```
<!DOCTYPE html>
<html>
  <head>
    <meta charset="utf-8">
    <title>Sample</title>
    <style>
      .mapTooltip {
        position:fixed;
        color : white;
        background-color : #000;
        border-radius:10px;
        padding : 10px;
        z-index: 1000;
        max-width: 200px;
        display:none;
      }
    </style>
    <script src="http://ajax.googleapis.com/ajax/libs/jquery/2.1.1/jquery.min.js">
        </script>
    <script src="js/raphael-min.js"></script>
    <script src="js/jquery.mapael.js"></script>
    <script src="js/world_countries.js"></script>
    <script src="js/sample.js"></script>
  </head>
  <body>
    <h1>顯示世界地圖</h1>
    <div id="myMap">
    <div class="map">世界地圖</div>
    </div>
  </body>
</html>
```

●JavaScript語法（sample.js）

```
$(function(){
  // 於做為容器的myMap中顯示SVG格式的地圖
  $("#myMap").mapael({
    map : {
      // 指定世界地圖資訊的JS檔案
      name : "world_countries",
      // 指定地圖的寬度
      width : 700,
      // 啟用縮放比例按鈕
      zoom : {
        enabled : true
      },
      // 指定地圖整體的顏色
      defaultArea: {
        attrs : {
          stroke : "#999",
          "stroke-width" : 1,
          fill : "#ccc"
        }
      },
    },
    // 於特定地點顯示●標記符號
    plots : {
      // 設定為台北市台北車站
      shiojiri : {
        // 將圓形的尺寸設定為10
        size : 10,
        // 設定線條顏色與寬度
        attrs : {
          stroke : "#000",
          "stroke-width" : 1,
          fill : "#f00"
        },
        // 指定台北市台北車站的經緯度
        latitude : 25.048215,
        longitude : 121.517123,
        // 設定滑鼠移入●時的文字
          tooltip: { content : "這裡是台北車站"}
      }
    },
    // 當滑鼠移入台灣區域時顯示的工具提示
    areas: {
      TW: { tooltip: { "content": "這裡是台灣" } }
    }
  });
});
```

SVG格式的地圖將自動顯示。由於可以自由縮放，所以左下角顯示了「+」與「-」的按鈕。

點選縮放按鈕(+)地圖將放大。由於是SVG格式，所以即便放大地圖，線條仍能夠保持清晰的狀態。

當滑鼠移入地圖時，國家將反白標示。

當滑鼠游標移入台灣時，將顯示工具提示。

當滑鼠移入（●）符號時，將顯示工具提示。

ONEPOINT　顯示SVG格式地圖的外掛套件「jQuery Mapael」

要顯示地圖時，大多會使用Google地圖。但如果想另外顯示統計資訊時，就會使用jQuery Mapael這套方便的外掛套件。jQuery Mapael可以顯示SVG格式的地圖。地圖資料預設為JavaScript檔案，因此必須依照使用的地圖匯入JavaScript檔案。

為了能夠顯示SVG格式的地圖，必須透過下列程式碼建立HTML檔。由「class="map"」括起來的容器屬於必要元素，之後只需要對該容器呼叫「mapael()」方法。

```
<div id=[容器ID名稱]">
  <div class="map">世界地圖</div>
</div>
```

「mapael()」方法的最低程度則必須完成下列的設定才能夠顯示地圖。

```
$("[容器ID名稱]").mapael({
  map:{
    name:"[要匯入的地圖的名稱]"
  }
});
```

Mapael預設了許多的選項，本書將主要的選項整理成下表。

■ 可指定的主要選項

選項	說明	
map	指定地圖的資訊，可利用下列的選項指定	
	name	要匯入的地圖的檔案名稱；不需要加上「.js」副檔名
	width	地圖的寬度
	zoom	縮放處理；可指定的選項請參考『「zoom」可指定的選項』表格
	defaultArea	地圖的預設區域；可指定的選項請參考『「defaultArea」可指定的選項』表格
	plots	標記的處理；可指定的選項請參考『「plots」可指定的選項』表格
	areas	地區別的處理；可直接使用「defaultArea」可指定的選項

■「zoom」可指定的選項

選項	說明
enabled	是否顯示縮放按鈕；預設值為不顯示「false」
maxLevel	最大縮放倍率；預設值為「5」
step	以多少間距縮放；預設值為「0.25」

■「defaultArea」可指定的選項

選項	說明
attrs	屬性；可指定為「"fill"」、「"stroke"」、「"stroke-width"」、「"stroke-linejoin"」
text	於地區顯示的文字
position	文字的位置；可利用「"inner"」、「"right"」、「"left"」、「"top"」、「"bottom"」這些文字指定
tooltip	工具提示；可利用「content」選項指定顯示的文字

■「plots」可指定的選項

選項	說明
latitude	緯度
longitude	經度
x	X座標
y	Y座標
tooltip	工具提示；可利用「content」選項指定顯示的文字

017 顯示指定樣式的地圖

外掛套件名稱	Maplace
外掛套件版本	0.1.2c
URL	http://maplacejs.com/

本單元要介紹的是能顯示指定樣式的地圖。

●HTML語法（index.html）

```
<!DOCTYPE html>
<html>
  <head>
    <meta charset="utf-8">
    <title>Sample</title>
    <style>
    #myMap { width: 500px; height: 500px; border:1px solid black; }
    </style>
    <script src="http://ajax.googleapis.com/ajax/libs/jquery/2.1.1/jquery.min.js">
      </script>
    <script src="https://maps.googleapis.com/maps/api/js?sensor=false" ↵
    type="text/javascript"></script>
    <script src="js/maplace.min.js"></script>
    <script src="js/sample.js"></script>
  </head>
  <body>
    <h1>顯示指定樣式的地圖</h1>
    <div id="myMap"></div>
  </body>
</html>
```

●JavaScript語法（sample.js）

```
$(function(){
  // 於做為容器的myMap中顯示Google地圖
  new Maplace({
    // 指定顯示地圖的容器的ID名稱
    map_div : "#myMap",
    // 將地圖中心設定為台北車站，並將縮放比例設定為15
    locations : [{
      lat : 25.048215,
      lon : 121.517123,
      zoom : 15
    }],
```

```
      // 指定地圖的樣式
      styles: {
        // 指定於控制器顯示的文字
        "簡易": [{
          // 以地圖中顯示的所有種類為對象
          featureType: "all",
          // 指定地圖的樣式
          stylers: [
            // 將飽和度設定為-100((無色彩)
            { saturation : -100 },
            // 將Gamma值設定為0.2
            { gamma : 0.2 },
            // 設定為簡易模式
            { visibility: "simplified" }
          ]
        }]
      }
    }).Load();
  });
```


以瀏覽器開啟檔案，Google地圖會自動顯示。將台北車站設定為地圖中心，並且在車站顯示標記。而地圖將以不顯示多餘標籤的樣式顯示。

與一般的地圖兩相比較之下就能看出差異。

ONEPOINT 以自訂樣式顯示Google地圖的外掛套件「Maplace」

從Google地圖版本3之後，就提供可部分自訂的地圖顯示功能。而支援這些最新功能的外掛套件正是Maplace。

在使用之前Maplace之前，必須先在HTML檔中建立顯示地圖用的「div」元素，接著在指令檔中以「new Maplace()」顯示地圖。而此時也能透過選項，逐一設定地圖的中心點或是否顯示標記。若要以自訂樣式顯示地圖，則可以將自訂的設定指定給「styles」選項。此外，樣式的種類則可透過「feature Type」指定。

「new Maplace()」可指定的選項非常多，在此將主要的選項整理如下列的表格。

■「new Maplace()」可指定的主要選項

選項	說明
map_div	指定顯示地圖專用的容器
controls_div	指定顯示控制器的容器
controls_type	指定控制器的種類
loacations	地圖的中心點；「lat」可指定緯度，「lon」可指定經度，「zoom」可指定縮放比例
map_options	指定地圖的選項
styles	指定地圖的樣式。可指定的樣式請參考「可指定的地圖樣式」表

有關樣式種類（「feature Type」）請參考下列表格。

■「feature Type」可指定的值

種類	說明
all	所有元素
geometry.fill	目標元素的填色
geometry.stroke	目標元素的外框

有關目標元素的説明，請參考下列的URL。

URL https://developers.google.com/maps/documentation/javascript/reference?hl=ja#MapTypeStyleFeatureType

指定地圖樣式時的選項請參考下列表格。

■ 可指定的地圖樣式

選項	說明
hue	指定飽和度；指定值為「#rrggbb」的16進位值
lightness	指定亮度；「−100」～「100」
saturation	指定飽和度；「0.01」～「10.0」
gamma	指定Gamma值；「0.01」～「10.0」
inverse_lightness	是否讓亮度反轉；「true」為反轉
visibility	指定顯示地圖的元素；可透過「"on"」、「"off"」、「"simplified"」這些字串其中之一指定
color	指定目標元素的顏色；指定值為「#rrggbb」的16進位值
width	指定目標元素的寬度

若想要更了解地圖的樣式，請參考下列頁面。

● **Google Maps javaScript API v3「套用樣式的地圖」**

URL https://developers.google.com/maps/documentation/javascript/styling

018 顯示世界地圖

外掛套件名稱	jQuery Vector Maps
外掛套件版本	1.0
URL	http://jqvmap.com/

本單元要介紹的是顯示世界地圖的外掛套件。

●**HTML語法（index.html）**

```
<!DOCTYPE html>
<html>
  <head>
    <meta charset="utf-8">
    <title>Sample</title>
    <link href="css/jqvmap.css">
    <script src="http://ajax.googleapis.com/ajax/libs/jquery/2.1.1/jquery.min.js">
      </script>
    <script src="js/jquery.vmap.min.js"></script>
    <script src="js/jquery.vmap.world.js"></script>
    <script src="js/jquery.vmap.sampledata.js"></script>
    <script src="js/sample.js"></script>
  </head>
  <body>
    <h1>顯示世界地圖</h1>
    <div id="myMap" style="width: 800px; height: 600px;"></div>
  </body>
</html>
```

●**JavaScript語法（sample.js）**

```
$(function(){
  $("#myMap").vectorMap({
    // 指定世界地圖的資料
    map: "world_en",
    // 指定背景色
    backgroundColor: "#555555",
    // 指定地圖顏色
    color: "white",
    // 指定滑鼠游標移入時覆蓋層的不透明度
    hoverOpacity: 0.7,
    // 指定滑鼠左鍵點選的區域的顏色
    selectedColor: "green",
```

```
    // 不縮放地圖
    enableZoom: false,
    // 不顯示區域的工具提示
    showTooltip: false,
    // 依區域的值指定填色
    values: { jp : 60, cn : 80, us : 100},
    scaleColors: ["#00ffff", "#ff0000", "#0000ff"]
  });
});
```

以瀏覽器開啟範例，日本、美國、中國將以不同的顏色標示。

點選國家後，顏色將轉換成綠色。

ONEPOINT 顯示世界地圖的外掛套件「jQuery Vector Maps」

「jQuery Vector Maps」是顯示世界地圖的外掛套件。使用方法非常簡單，只要先建立顯示地圖用的「div」元素，並指定元素的大小，再對該元素呼叫「vectorMap()」方法即可顯示世界地圖。地圖是縮放畫質也不會劣化的向量格式。這裡預設的世界地圖向量資料包含阿爾及利亞、巴西、歐洲、法國、德國、日本、俄國、美國。不包含各國縣市層級的資料。

若想以顏色在地圖上標示各個國家時，可以利用選項指定。vectorMap()]方法可指定的選項請參考下列表格。

■ 可指定的選項

選項	說明
map	地圖資料
borderColor	各區域的界線顏色
borderOpacity	各區域的界線不透明度
borderWidth	界線的寬度
backgroundColor	地圖的背景色
color	整體區域（國家）的顏色
colors	特定區域（國家）的顏色；若設定為「colors:{"jp": "red", "us": "blue"}」，代表日本以紅色標示，美國則以藍色標示
hoverOpacity	覆蓋層的不透明度
selectedColor	點選之後，各區域（國家）的顏色
enableZoom	是否顯示縮放按鈕；「true」為顯示，「false」為不顯示
showTooltip	滑鼠游標移入各區域（國家）時，是否顯示工具提示；「true」為顯示，「false」為不顯示
values	與各區域（國家）對應的資料，並且與「scaleColors」選項指定的顏色對應
scaleColors	以陣列格式指定根據「values」選項顯示的顏色
normalizeFunction	顏色的補充方法
selectedRegion	以文字預先指定選擇的區域（國家）；台灣可指定為「tw」，其餘代碼可參考「http://jqvmap.com/」
onLabelShow	顯示標籤時呼叫的函數；函數必須接收到元素、標籤與國家代碼這些參數
onRegionOver	滑鼠游標移入各區域（國家）呼叫的函數；函數必須接收元素、國家代碼與區域路徑
onRegionOut	滑鼠游標移出各區域（國家）呼叫的函數；函數必須接收元素、國家代碼與區域路徑
onRegionClick	點選區域（國家）時呼叫的函數；函數必須接收元素、國家代碼與區域路徑

019 顯示日本地圖

外掛套件名稱	Japan Map
外掛套件版本	0.0.4
URL	http://takemaru-hirai.github.io/japan-map/

本單元要介紹的是顯示日本地圖的外掛套件。

●HTML語法（index.html）

```
<!DOCTYPE html>
<html>
  <head>
    <meta charset="utf-8">
    <title>Sample</title>
    <script src="http://ajax.googleapis.com/ajax/libs/jquery/2.1.1/
    jquery.min.js"></script>
    <script src="js/jquery.japan-map.min.js"></script>
    <script src="js/sample.js"></script>
  </head>
  <body>
    <h1>顯示日本地圖</h1>
    <div id="myMap" style="width: 800px; height: 600px;"></div>
  </body>
</html>
```

●JavaScript語法（sample.js）

```
$(function(){
  // 將長野縣之外的都道府縣編號存入陣列
  var pref = [];
  for(var i=1; i<=47; i++){
    if(i== 20){ continue; }     // 將長野縣(20號)摒除在外
    pref[i] = i;
  }
  // 顯示日本地圖
  $("#myMap").japanMap({
    // 指定地圖的尺寸
    width : 800,
    height : 600,
    // 指定地圖的背景色
    backgroundColor : "#0000ff",
```

```
      // 於地圖左上角顯示西南諸島
      movesIslands : true,
      // 以顏色區分長野縣以及其他都道府縣
      areas : [
        {"code": 1 , "name":"全國", "color":"white", "hoverColor":"orange", ↵
        "prefectures":pref},
        {"code": 2 , "name":"長野縣", "color":"red", "hoverColor":"#ffafaf", @!
       "prefectures":[20]}
      ]
    });
  });
```

以瀏覽器開啟範例，日本地圖將自動顯示。唯獨長野縣是以紅色標示。

滑鼠游標移入各都道府縣時，就會立刻顯示指定的顏色。

ONEPOINT　顯示日本地圖的外掛套件「Japan Map」

「Japan Map」是顯示日本地圖的外掛套件。使用方法非常簡單，只要先建立顯示地圖用的「div」元素，再對該元素呼叫「japanMap()」方法即可顯示日地圖。此外，地圖的大小並非由HTML元素指定，而是利用「japanMap()」方法的「width」選項與「height」選項指定。

要如何顯示地圖可以由「japanMap()」方法的選項指定。可指定的主要選項請參考下列表格。

■ 可指定的主要選項

選項	說明
width	地圖的寬度（單位為像素）
height	地圖的高度（單位為像素）
color	都道府縣的文字顏色
backgroundColor	地圖的背景色
movesIslands	是否在地圖左上角顯示西南諸島；「true」為顯示
areas	設定都道府縣的顏色（請參考『「areas」選項』表格）
onSelect	都道府縣被選取時呼叫的事件處理器（函數）
onHover	滑鼠移入都道府縣時呼叫的事件處理器（函數）

■「area」選項可指定的選項

選項	說明
code	編號（編號不可重覆指定）
name	名稱（傳給事件處理器的名稱）
prefectures	希望統一設定都道府縣時，可利用陣列指定都道府縣的編號
color	背景顏色
hoverColor	滑鼠移入區域時的背景色

MEMO

MEMO

CHAPTER 04
通知／表單

020 顯示簡單的通知訊息

外掛套件名稱	Easy Notification
外掛套件版本	無
URL	http://cssglobe.com/jquery-plugin-easy-notification/

本單元要介紹的是可簡單顯示通知訊息的外掛套件。

●HTML語法（index.html）

```
<!DOCTYPE html>
<html>
  <head>
    <meta charset="utf-8">
    <title>Sample</title>
    <style>
      #msg { display : none; background-color:yellow; border:1px solid red; ↵
      width: 40%; }
      #msg span { margin-left: 40%; font-size: 0.6em; cursor : pointer; }
    </style>
    <script src="http://ajax.googleapis.com/ajax/libs/jquery/2.1.1/jquery.min.js">
      </script>
    <script src="js/easy.notification.js"></script>
    <script src="js/sample.js"></script>
  </head>
  <body>
    <h1>顯示通知訊息</h1>
    <div id="msg"><span class="close"></span></div>
  </body>
</html>
```

●JavaScript語法（sample.js）

```
$(function(){
  // 單純顯示通知訊息
  $.easyNotification({
    // 指定顯示訊息的div元素的ID名稱
    id : "msg",
    // 指定顯示的字串
    text: "顯示通知訊息",
    // 指定發出通知的父元素
    parent: "body",
    // 設定為自動消失
    autoClose : true,
    // 設定消失之前的時間
    duration : 2000,
```

```
        // 指定「關閉」按鈕的文字
        closeText : "關閉×"
    });
    // 每3秒透過計時器通知一次
    setInterval(function(){
        // 取得目前的時間
        var dateObj = new Date();
        var h = dateObj.getHours();
        var m = dateObj.getMinutes();
        var s = dateObj.getSeconds();
        // 通知時間
        $.easyNotification({
            // 指定顯示通知訊息的div元素的ID名稱
            id : "msg",
            // 指定發出通知的父元素
            parent: "body",
            // 指定顯示的字串
            text : h+"時"+m+"分"+s+"秒",
            // 設定為自動消失
            autoClose : true,
            // 指定消失之前的時間
            duration : 2*1000,
            // 指定「關閉」按鈕的文字
            closeText : "關閉×"
        });
    }, 3*1000);
});
```

頁面左上角將顯示通知訊息。

時間通知會不斷地顯示更新。點選通知列的「×」即可關閉通知。

ONEPOINT　可顯示簡單通知訊息的外掛套件「Easy Notification」

「Easy Notificaion」是可以輕易顯示通知訊息的外掛套件。這款外掛套件只需要依照下列的語法，在HTML中建立顯示通知訊息的元素即可顯示通知訊息。「div」元素的ID名稱在外掛套件的預設值為「easyNotificaion」，並且必須設定ID名稱。

```
<div id ="msg><span class="class"></span></div>
```

要顯示通知訊息時，可以使用「$.easyNotification()」方法。用來顯示的元素可以利用「id」選項設定ID名稱，而顯示的內容則可利用「text」選項指定。還有其他例如是否讓通知訊息自動消失的選項等，關於「$.easyNotification()」方法預設選項的説明，請參考下列的表格。

■ 可指定的主要選項

選項	說明
id	指定顯示通知的元素的ID名稱；預設值為「"easyNotification"」的字串
text	指定顯示的通知訊息
parent	指定顯示通知訊息的元素的父元素（以哪個元素為基準點）
closeClassName	執行關閉處理的CSS類別名稱
closeText	指定於「關閉」按鈕顯示的字串
autoClose	指定是否自動關閉；設定為「true」將在一定時間之內消失
duration	以毫秒指定通知訊息消失之前的顯示時間

021 顯示帶有圖示的通知訊息

外掛套件名稱	jNotifier
外掛套件版本	無
URL	https://github.com/artem-sedykh/Jnotifier

本單元要介紹的是能顯示帶有圖示通知訊息的外掛套件。

●HTML語法（index.html）

```
<!DOCTYPE html>
<html>
  <head>
    <meta charset="utf-8">
    <title>Sample</title>
    <link rel="stylesheet" href="css/jnotifier.css">
    <style>
       #msg { display : none; }
    </style>
    <script src="http://ajax.googleapis.com/ajax/libs/jquery/2.1.1/jquery.min.js">
        </script>
    <script src="js/jnotifier.jquery.js"></script>
    <script src="js/sample.js"></script>
  </head>
  <body>
    <h1>顯示通知訊息</h1>
    <div id="msg">於畫面顯示通知訊息</div>
  </body>
</html>
```

●JavaScript語法（sample.js）

```
$(function(){
  // 單純地顯示通知訊息
  $("#msg").notification({
    type : "information",
    lifeTime : 2000
  });
  // 利用計時器每3秒通知一次
  setInterval(function(){
    // 取得目前的時間
    var dateObj = new Date();
    var h = dateObj.getHours();
    var m = dateObj.getMinutes();
    var s = dateObj.getSeconds();
```

jNotifier

```
    // 通知時間
    $("#msg").notification({
      text : h+"時"+m+"分"+s+"秒",
      // 顯示日期圖示
      type : "date",
      // 指定訊息消失之前的時間
      lifeTime : 15*1000
    });
  }, 3*1000);
});
```

將會於頁面右上角顯示通知訊息。

時間通知會不斷地顯示更新。點選通知列的「×」即可關閉通知。

ONEPOINT　顯示帶有圖示通知訊息的外掛套件「jNotifier」

「jNotifier」是能顯示圖示通知訊息的外掛套件。它必須預先在HTML建立顯示通知訊息的元素。

接著對該元素呼叫「notification()」方法就能顯示通知訊息。假設元素裡已有顯示訊息，即可不需指定任何參數就顯示訊息。

若要指定顯示的通知訊息，可以使用「text」選項。此外，若要顯示圖示，則可使用「type」選項。「notification()」方法的其他選項請參考下列表格。

■ 可指定的主要選項

選項	說明
removeTarget	是否讓通知訊息消失；設定「true」為消失
type	以字串指定種類；標準的套件可指定下列的種類：「"accept"」、「"basket"」、「"bell"」、「"book_addresses"」、「"cog"」、「"comment"」、「"date"」、「"delete"」、「"email"」、「"error"」、「"exclamation"」、「"help"」、「"information"」、「"lightbulb"」、「"message-close"」、「"notification-x"」、「"notification-y"」、「"notification"」、「"user_green"」
lifeTime	以毫秒為單位指定通知顯示時間
text	以字串指定通知訊息
template	指定通知訊息的範本

jNotifier

顯示覆蓋層通知訊息

外掛套件名稱	jNotify
外掛套件版本	2.1
URL	http://www.myjqueryplugins.com/jquery-plugin/jnotify

本單元要介紹的是顯示覆蓋層通知訊息的外掛套件。

●**HTML語法（index.html）**

```
<!DOCTYPE html>
<html>
  <head>
    <meta charset="utf-8">
    <title>Sample</title>
    <link rel="stylesheet" href="css/jNotify.jquery.css">
    <script src="http://ajax.googleapis.com/ajax/libs/jquery/2.1.1/jquery.min.js">
      </script>
    <script src="js/jNotify.jquery.min.js"></script>
    <script src="js/sample.js"></script>
  </head>
  <body>
    <h1>顯示通知訊息</h1>
  </body>
</html>
```

●**JavaScript語法（sample.js）**

```
$(function(){
  // 單純顯示通知訊息
  jNotify("可簡單地顯示通知");
  // 透過計時器每1秒顯示一次通知訊息
  setInterval(function(){
    // 取得目前時間
    var dateObj = new Date();
    var h = dateObj.getHours();
    var m = dateObj.getMinutes();
    var s = dateObj.getSeconds();
    // 顯示時間
    jNotify(
      // 指定顯示的字串
      h+"時"+m+"分"+s+"秒",
      {
        // 指定覆蓋層的顏色
        ColorOverlay : "#ff0",
```

```
            // 指定訊息消失之前的顯示時間
            TimeShown : 500
        }
    );
  }, 1000);
});
```

在頁面中央位置顯示通知訊息，經過一定時間後將自動消失。

接著將會顯示時間通知。通知自動消失後，接著再顯示時間。

ONEPOINT　於覆蓋層顯示通知訊息的外掛套件「jNotify」

「jNotify」是於覆蓋層顯示通知訊息的外掛套件。這套外掛套件不需要在HTML進行任何前置作業，但是需要將「error.png」與「info.png」這兩個檔案，與HTML檔儲存在同一資料夾中。若希望在其他資料夾內儲存圖片，就必須變更「jNotify.jquery.css」的檔案內容。

jNotify可顯示下列三種通知訊息。

通知訊息種類	說明
jNotify()	資訊
jError()	錯誤
jSuccess()	成功

這三種通知訊息的參數指定方式與可指定選項都相同，而通知訊息可於第一個參數指定；顯示的選項則可以由第2個參數指定。可指定的選項請參考下列表格。

■ 可指定的選項

選項	說明
autoHide	通知訊息是否自動消失；指定「true」為自動消失
clickOverlay	點選覆蓋層是否刪除訊息；指定「true」為自動消失
MinWidth	指定最低寬度
TimeShown	以毫秒指定顯示時間
ShowTimeEffect	以毫秒指定顯示特效的時間
HideTimeEffect	以毫秒指定訊息消失之前，套用特效的時間
LongTrip	指定訊息消失的方向；可透過「"top"」或「"bottom"」這類字串指定
HorizontalPosition	指定訊息的水平位置；可透過「"left"」、「"center"」、「"right"」其中一個字串指定
VerticalPosition	指定訊息的垂直位置；可透過「"top"」、「"center"」、「"bottom"」其中一個字串指定
ShowOverlay	是否顯示覆蓋層；指定為「true」則顯示
ColorOverlay	指定覆蓋層的顏色
OpacityOverlay	指定覆蓋層的不透明度；可指定為「0.0」～「1.0」之間的範圍

MEMO

023 顯示類似Android OS的通知訊息

外掛套件名稱	jquery-toastmessage
外掛套件版本	無
URL	http://akquinet.github.io/jquery-toastmessage-plugin/

本單元要介紹的是能顯示類似Android OS訊息的外掛套件。

●HTML語法(index.html)

```
<!DOCTYPE html>
<html>
  <head>
    <meta charset="utf-8">
    <title>Sample</title>
    <link rel="stylesheet" href="css/jquery.toastmessage.css">
    <script src="http://ajax.googleapis.com/ajax/libs/jquery/2.1.1/jquery.min.js">
      </script>
    <script src="js/jquery.toastmessage.js"></script>
    <script src="js/sample.js"></script>
  </head>
  <body>
    <h1>顯示訊息</h1>
  </body>
</html>
```

●JavaScript語法(sample.js)

```
$(function(){
  // 單純顯示通知訊息
  $().toastmessage("showNoticeToast", "可簡單地顯示通知訊息");
  // 透過計時器每2秒顯示一次通知訊息
  setInterval(function(){
    // 取得目前時間
    var dateObj = new Date();
    var h = dateObj.getHours();
    var m = dateObj.getMinutes();
    var s = dateObj.getSeconds();
    // 顯示時間
    $().toastmessage("showToast", {
      // 指定訊息種類
      type : "success",
      // 指定顯示的文字
      text : h+"時"+m+"分"+s+"秒",
```

```
        // 設定為不黏附在螢幕上
        sticky : false,
        // 顯示時間設定為6秒
        stayTime : 6000,
        // 指定位置
        position : "middle-right"
      });
    }, 2000);
  });
```

通知訊息將於頁面右上角顯示。

時間通知訊息將接二連三地顯示。點選通知訊息右上角的「×」即可刪除訊息。

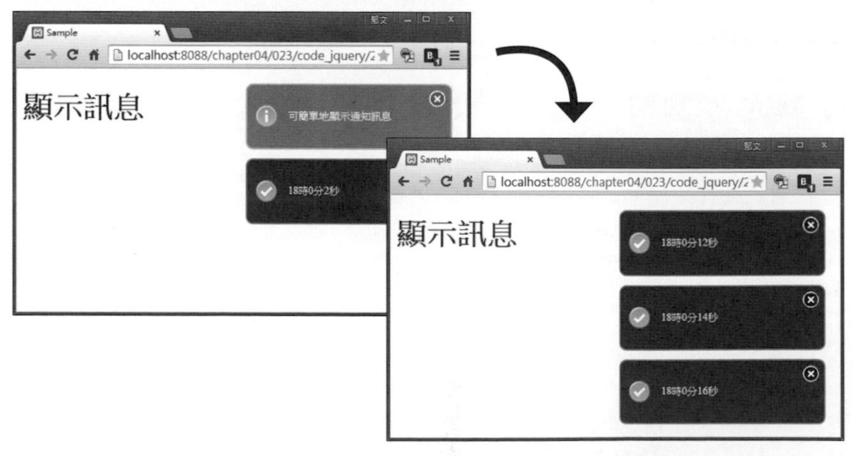

ONEPOINT 可顯示類似Android OS通知訊息的外掛套件「jquery-toastmessage」

「jquery-toastmessage」是可顯示類似Android OS通知訊息的外掛套件。這套外掛套件不需要在HTML預先進行設定。

要使用jquery-toastmessage顯示通知訊息，可以在指令檔中利用「$().toastmessage()」方法指定通知訊息的種類與內容。「$().toastmessage()」方法可指定的第一個參數，請參考下列表格。

■ 可指定的種類

種類	說明
showNoticeToast	資訊
showSuccessToast	成功
showWarningToast	警告
showErrorToast	錯誤
showToast	在設定選項後顯示時指定的選項；請參考下列表格

訊息的內容可於「$().toastmessage()」方法的第二個參數指定，也可指定選項來代替訊息內容。可於「$().toastmessage()」方法的第二個參數中指定的選項，請參考下列表格。

■ 可指定的選項

選項	說明
text	指定訊息內容
type	指定訊息種類；可透過「"notice"」、「"warning"」、「"error"」、「"success"」其中一種字串指定
inEffectDuration	以毫秒指定訊息顯示／消失時的特效
stayTime	以毫秒指定顯示的時間
sticky	指定為不黏附在螢幕上；設定為「true」後，訊息將持續顯示於螢幕上
position	指定顯示的位置；可透過「"top-left"」、「"top-center"」、「"top-right"」、「"middle-left"」、「"middle-center"」、「"middle-right"」其中一個字串指定
closeText	指定於關閉按鈕(×)中顯示的字串
close	指定訊息關閉時執行的CallBack函數

顯示通知訊息

外掛套件名稱	Messenger
外掛套件版本	1.3.6
URL	http://github.hubspot.com/messenger/

本單元要介紹的是顯示通知訊息的外掛套件。

●HTML語法（index.html）

```
<!DOCTYPE html>
<html>
  <head>
    <meta charset="utf-8">
    <title>Sample</title>
    <link rel="stylesheet" href="css/messenger.css">
    <link rel="stylesheet" href="css/messenger-theme-future.css">
    <script src="http://ajax.googleapis.com/ajax/libs/jquery/2.1.1/jquery.min.js">
      </script>
    <script src="js/messenger.min.js"></script>
    <script src="js/messenger-theme-future.js"></script>
    <script src="js/sample.js"></script>
  </head>
  <body>
    <h1>顯示通知訊息</h1>
  </body>
</html>
```

●JavaScript語法（sample.js）

```
$(function(){
  // 單純顯示通知訊息
  Messenger().post("可輕鬆顯示通知訊息");
  // 指定通知訊息的種類
  Messenger().post({
    message : "每2秒通知一次",
    type : "success"
  });
  // 透過計時器每2秒通知一次
  setInterval(function(){
    // 取得目前時間
    var dateObj = new Date();
    var h = dateObj.getHours();
```

```
    var m = dateObj.getMinutes();
    var s = dateObj.getSeconds();
    // 顯示具有關閉按鈕的通知訊息
    Messenger().post({
      message : h+"時"+m+"分"+s+"秒",
      showCloseButton: true
    });
  }, 2*1000);
});
```

將於頁面右下角顯示通知訊息。

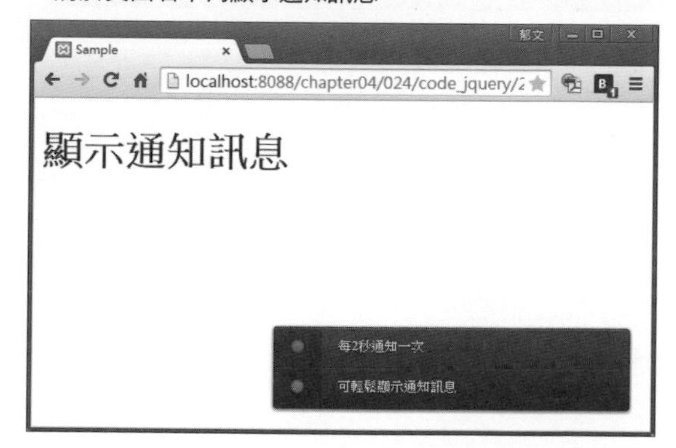

將會以固定週期顯示目前的時間通知，通知訊息會在一段時間之後消失。點選關閉按鈕(×)即可清除訊息。

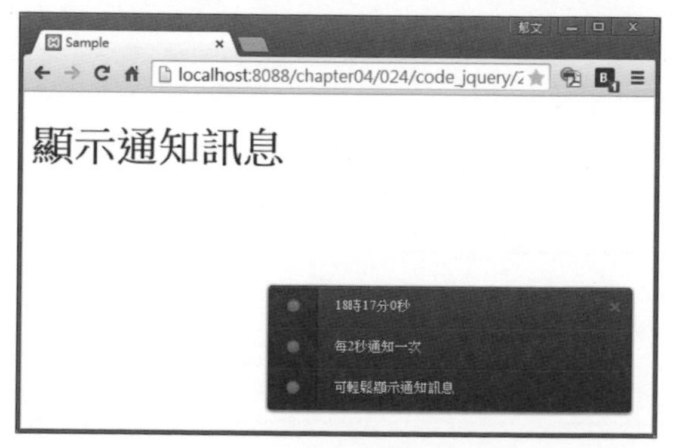

ONEPOINT　顯示通知訊息的外掛套件「messenger」

「Messenger」是於頁面顯示通知訊息或錯誤資訊的外掛套件。這套外掛套件預設了許多種方法，而顯示訊息時可以使用「post()」方法。只要在「post()」方法的參數中指定字串，該字串就會於畫面上顯示。

若希望顯示其他資訊，可另行指定選項。每種方法的選項都不同，而「post」方法的選項請參考下列表格。

■ 可指定的選項

選項	說明
message	指定通知訊息
type	指定訊息種類
showCloseButton	顯示關閉按鈕
actions	以函數指定動作

MEMO

025 於畫面上方的通知列顯示通知訊息

外掛套件名稱	Notify Bar
外掛套件版本	1.4
URL	http://www.whoop.ee/posts/2013-04-05-the-resurrection-of-jquery-notify-bar/

本單元要介紹的是於畫面上方通知列顯示通知訊息的外掛套件。

●HTML語法（index.html）

```
<!DOCTYPE html>
<html>
  <head>
    <meta charset="utf-8">
    <title>Sample</title>
    <link rel="stylesheet" href="css/jquery.notifyBar.css">
    <script src="http://ajax.googleapis.com/ajax/libs/jquery/2.1.1/jquery.min.js">
      </script>
    <script src="js/jquery.notifyBar.js"></script>
    <script src="js/sample.js"></script>
  </head>
  <body>
    <h1>顯示通知訊息</h1>
  </body>
</html>
```

●JavaScript語法（sample.js）

```
$(function(){
  // 單純顯示通知訊息
  $.notifyBar({
    html : "可輕鬆顯示通知訊息"
  });
  // 透過計時器每5秒顯示通知訊息
  setInterval(function(){
    // 取得目前時間
    var dateObj = new Date();
    var h = dateObj.getHours();
    var m = dateObj.getMinutes();
    var s = dateObj.getSeconds();
    // 顯示時間
    $.notifyBar({
      html : h+"時"+m+"分"+s+"秒",
      // 顯示關閉按鈕
      close: true,
```

Notify Bar

```
        // 指定關閉按鈕的文字
        closeText : "關閉×"
      });
    }, 5*1000);
  });
```

於頁面上方顯示通知訊息時，將伴隨特效動畫。

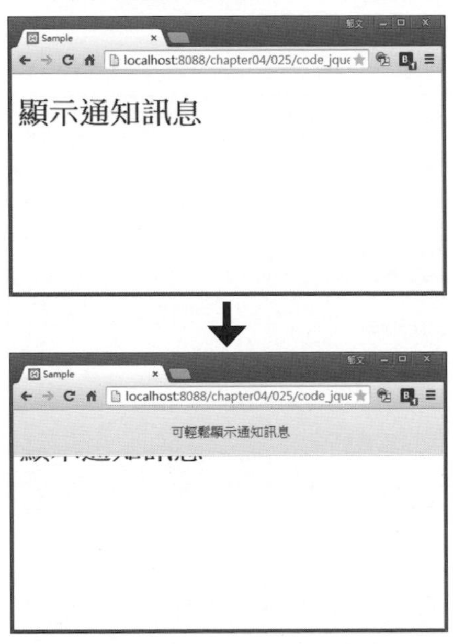

將會以固定頻率顯示目前的時間訊息。通知訊息將於一段時間之後消失。點選通知訊息列的「關閉 ×」連結即可清除訊息。

ONEPOINT　於通知列顯示訊息的外掛套件「Notify Bar」

「Notify Bar」是於通知列顯示通知訊息的外掛套件。這套外掛套件能於頁面上方顯示提示列，並在提示列中顯示通知訊息。要顯示訊息時可使用「$.notifyBar()」方法，於「$.notifyBar()」方法的參數指定選項即可顯示通知訊息。若希望單純地顯示訊息，可透過「$.notifyBar({html："要顯示的文字"})語法指定。如此一來就能在頁面上方顯示通知列，並於通知列中顯示訊息。

除了「$.notifyBar()」方法之外，還預設了下列表格內的選項。

■ 可指定的主要選項

選項	說明
html	指定訊息
animationSpeed	指定特效動畫速度
cssClass	指定CSS類別
close	指定是否顯示關閉按鈕；指定為「true」代表顯示
closeText	指定於關閉按鈕中顯示的字串
position	指定通知列的位置；可透過「"top"」、「"bottom"」其中一個字串指定
closeOnClick	指定點選關閉按鈕之後呼叫的函數
closeOnOver	指定滑鼠移入關閉按鈕之後呼叫的函數
onBeforeShow	指定通知列顯示之前呼叫的函數
onShow	指定通知列顯示時呼叫的函數
onBeforeHide	指定通知列消失之前呼叫的函數
onHide	指定通知列消失時呼叫的函數

026 於指定位置顯示通知

外掛套件名稱	noty
外掛套件版本	2.1.2
URL	http://needim.github.io/noty/

本單元要介紹的是可於指定位置顯示通知的外掛套件。

●**HTML語法（index.html）**

```
<!DOCTYPE html>
<html>
  <head>
    <meta charset="utf-8">
    <title>Sample</title>
    <script src="http://ajax.googleapis.com/ajax/libs/jquery/2.1.1/jquery.min.js">
        </script>
    <script src="js/noty/jquery.noty.js"></script>
    <script src="js/noty/layouts/topCenter.js"></script>
    <script src="js/noty/themes/default.js"></script>
    <script src="js/sample.js"></script>
  </head>
  <body>
    <h1>顯示通知</h1>
  </body>
</html>
```

●**JavaScript語法（sample.js）**

```
$(function(){
  // 單純顯示通知
  noty({
    text : "可輕鬆顯示通知",
    layout : "topCenter"
  });
  // 透過計時器每2秒顯示通知一次
  setInterval(function(){
    // 取得目前時間
    var dateObj = new Date();
    var h = dateObj.getHours();
    var m = dateObj.getMinutes();
    var s = dateObj.getSeconds();
    // 顯示通知
    noty({
```

```
      text : h+"時"+m+"分"+s+"秒",
      // 於畫面上半部中央處顯示
      layout : "topCenter",
      // 最多顯示4筆通知
      maxVisible : 4,
      // 讓通知於6秒後消失
      timeout : 6000
    });
  }, 2*1000);
});
```

通知訊息將與畫面上半部中央位置顯示。

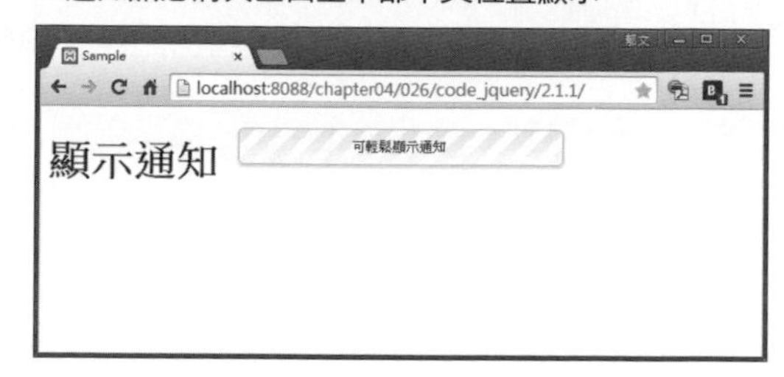

定期顯示目前的時刻通知，每筆通知將會於一段時間之後消失。

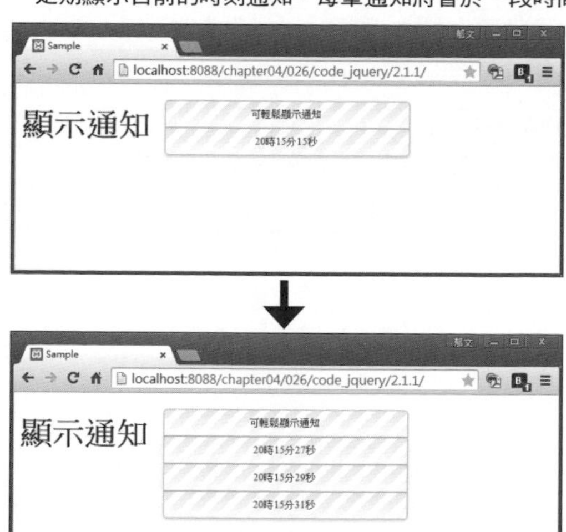

ONEPOINT　可指定通知位置的外掛套件「noty」

「noty」是可於指定顯示通知位置的外掛套件。這套外掛套件為了指定顯示通知的位置，必須先匯入對應的指令檔。代表位置的指令檔儲存在下載資料夾「js/noty/layouts」的檔案中。假設想要在畫面下半部中央位置顯示通知，只需要匯入「bottomCenter.js」檔案。

要利用noty顯示通知時可使用「noty()」方法。要注意的是，這套外掛套件的方法與一般的外掛套件不同，既不需要指定DOM元素，也不需要以「$.～」的語法指定。要以「noty()」方法顯示通知訊息時，可以使用「text」選項。此外，也需要使用能指定通知位置的「layout」選項。由「layout」選項指定的位置必須與指定位置的指令檔一致，倘若匯入的是「bottomCenter.js」，就必須將「layout」選項指定為「layout:"bottomCenter"」。

「noty()」方法還有許多選項，可指定的主要選項如下列表格。

■ 可指定的選項

選項	說明
text	指定通知的內容
type	指定通知的種類
layout	指定顯示的位置
theme	指定主題
template	以HTML標籤指定範本
animation	指定顯示通知時所套用的特效；可指定為「open」、「close」、「easing」、「speed」這些選項
timeout	以毫秒指定通知消失之前的時間（逾時）；指定為「false」代表通知永遠不會消失
modal	指定是否為強制回應視窗
maxVisible	指定通知的最高筆數
closeWith	以陣列格式指定關閉通知的事件名稱
callback	指定Callback函數；可將Callback函數指定給「onShow」、「afterShow」、「onClose」、「afterClose」選項

027 於表單元素顯示提示

外掛套件名稱	jQuery formHelp
外掛套件版本	0.1.4
URL	https://github.com/invetek/jquery-formhelp

本單元要介紹的是於表單元素顯示提示的外掛套件。

●HTML語法(index.html)

```
<!DOCTYPE html>
<html>
  <head>
    <meta charset="utf-8">
    <title>Sample</title>
    <link rel="stylesheet" type="text/css" href="css/jquery.formhelp.css">
    <script src="http://ajax.googleapis.com/ajax/libs/jquery/2.1.1/jquery.min.js">
        </script>
    <script src="js/jquery.formhelp.min.js"></script>
    <script src="js/sample.js"></script>
  </head>
  <body>
    <h1>顯示提示</h1>
    <form>
      <input type="text" class="helptext" id="userName"><br>
      <span class="helptext" data-for="#userName">請輸入使用者名稱</span>
      <textarea id="userComment" rows="4" cols="20"></textarea>
      <span class="helptext" data-for="#userComment">若有任何建議請在此輸入</span>
    </form>
  </body>
</html>
```

●JavaScript語法(sample.js)

```
$(function(){
    // 若已於元素內輸入顯示的提示,將自動完成設定
    $.formHelp({
    // 於頁面內顯示固定提示訊息的大頭針
    pushpinEnabled: true
  });
});
```

點選文字欄位將顯示提示。

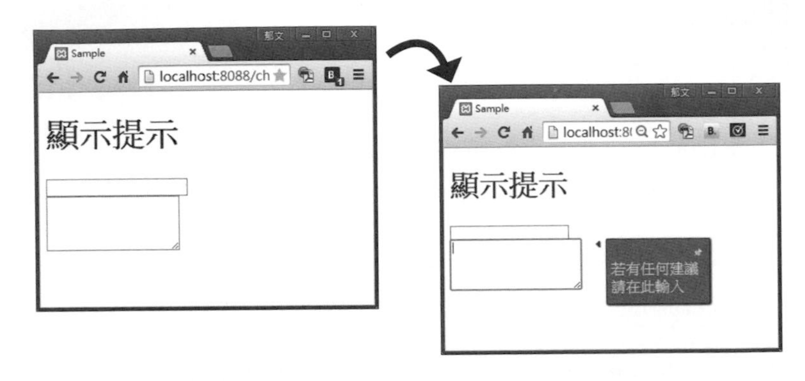

點選大頭針即可固定提示訊息，也因此能同時查看其他提示訊息。

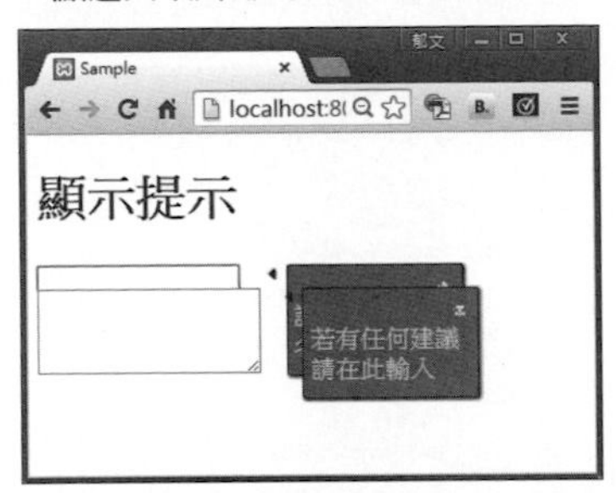

ONEPOINT　顯示提示資訊的外掛套件「jQuery formHelp」

「jQuery formHelp」是於表單元素文字欄位內顯示提示訊息的外掛套件。要顯示於提示訊息的內容可先於HTML撰寫。提示訊息可利用<span class="helptext" data-for="**#ID名稱**">～</span>的語法撰寫。「data-for」中指定的ID名稱，必須是指派給文字欄位這類元素的ID名稱。後續只要在匯入頁面之後呼叫「$.formHelp()」方法即可顯示提示訊息。提示訊息的顯示或附加於類別名稱的文字皆可由下表內的選項指定。

此外，提示訊息框的背景色可由樣式表內的「.form-helpbox.content{～}」屬性值指定。

■ 可指定的選項

選項	說明
pushpinEnabled	是否顯示固定提示訊息的大頭針
classPrefix	附加在類別名稱的文字；預設值為空白

028 統一選擇日期與時間

外掛套件名稱	jquery.filthypillow
外掛套件版本	0.0.1
URL	http://aef-github.io/jquery.filthypillow/

本單元要介紹的是能統一選擇日期與時間的外掛套件。

●HTML語法(index.html)

```
<!DOCTYPE html>
<html>
  <head>
    <meta charset="utf-8">
    <title>Sample</title>
    <link rel="stylesheet" href="css/jquery.filthypillow.css">
    <script src="http://ajax.googleapis.com/ajax/libs/jquery/2.1.1/jquery.min.js">
        </script>
    <script src="js/moment.js"></script>
    <script src="js/jquery.filthypillow.js"></script>
    <script src="js/sample.js"></script>
  </head>
  <body>
    <h1>統一選擇日期與時間</h1>
    <form>
      <input type="text" id="startDate" size="30">
    </form>
  </body>
</html>
```

●JavaScript語法(sample.js)

```
$(function(){
  // 初始化
  $("#startDate").filthypillow();
  // 當焦點移入文字欄位時顯示月曆
  $("#startDate").on("focus", function(){
    $("#startDate").filthypillow("show");
  });
  // 當使用者點選save(儲存)按鈕時的處理
  $("#startDate").on("fp:save", function(evt, dateObj) {
    // 轉換日期格式
    var dateStr = dateObj.format("YYYY/MM/DD hh:mm A");
```

jquery.filthypillow

```
        // 於文字欄位顯示日期與時間
        $("#startDate").val(dateStr);
        // 隱藏月曆
        $("#startDate").filthypillow("hide");
    });
});
```

只要點選文字欄位就會顯示月曆，即可選取點選日期。

點選時間之後月曆就會消失，顯示時間選取。

點選「save」按鈕即可於文字欄位顯示剛選取的日期與時間。

ONEPOINT 能統一選擇日期與時間的外掛套件「jquery.filthypillow」

「jquery.filthypillow」是能統一選擇日期與時間的外掛套件。一開始只需要先建立輸入日期與時間的文字欄位。

接著在指令檔中針對文字欄位呼叫「filthypillow()」方法即可。此時也可指定下列表格內，用來選擇日期範圍的選項。

要顯示月曆時，需要先取得文字欄位中的焦點事件並執行「filthypillow("show")」。如此一來就能顯示月曆，並從中選取日期與時間。點選確定日期與時間的「Save」按鈕之後，將會觸發「fp:save」事件，日期資料也將儲存於文字欄位中。要消除顯示的月曆時只需要設定「filthypillow("hide")」。

■ 可指定的選項

選項	說明
initialDateTime	指定最初顯示的日期
minDateTime	指定最初可選取的日期
maxDateTime	指定最後可選取的日期

029 即時顯示輸入的字元數

外掛套件名稱	jQuery Max Length
外掛套件版本	2.0.0
URL	http://keith-wood.name/maxlength.html

本單元要介紹的是能即時顯示輸入的字元數的外掛套件。

●HTML語法(index.html)

```
<!DOCTYPE html>
<html>
  <head>
    <meta charset="utf-8">
    <title>Sample</title>
    <script src="http://ajax.googleapis.com/ajax/libs/jquery/2.1.1/jquery.min.js">
        </script>
    <script src="js/jquery.plugin.min.js"></script>
    <script src="js/jquery.maxlength.min.js"></script>
    <script src="js/sample.js"></script>
  </head>
  <body>
    <h1>顯示輸入的字元數</h1>
    <form>
      <textarea id="userComment" rows="6" cols="30"></textarea>
    </form>
    <div id="textcount"></div>
  </body>
</html>
```

●JavaScript語法(sample.js)

```
$(function(){
  // 設定插入文字區塊時的處理
  $("#userComment").maxlength({
    // 最多14個字元
    max : 14,
    // 顯示字元的元素
    feedbackTarget : "#textcount",
    // 輸入時的訊息
    feedbackText : "還可以輸入{r}個字元"
  });
});
```

於文字區塊底下顯示可輸入的字元數與訊息。

一輸入文字就能即時顯示還能輸入幾個字元的訊息。

ONEPOINT 即時顯示可輸入字元數的外掛套件「jQuery Max Length」

「jQuery Max Length」是即時顯示可輸入字元數的外掛套件。使用的方法是先建立顯示輸入字元數的元素，並利用「maxlength()」方法將後續的處理指定給文字區塊。「maxlength()」方法也可以指定選項，可指定的選項請參考下列表格。

■ 可指定的選項

選項	說明
max	可輸入的最高字元數；預設值為200個
truncate	超過最高字元數之後，是否要截短字串；預設為截短
showFeedback	輸入時是否執行回饋處理；預設值為「true」(執行)
feedbackTarget	反映回饋的元素；可指定針對字元或元素的參照
feedbackText	輸入文字後顯示的字元；{r}將置換成字串中的剩餘字元數，{m}將置換成字串中的最高字元數
overflowText	回饋的字元數超過指定數量時顯示的文字；{o}將置換成超過的字元數，{m}將置換成可輸入的最高字元數
onFull	指定到達最高字元數之後處理觸發事件的函數(事件處理器)

030 裝飾選單

外掛套件名稱	jQuery Selectric
外掛套件版本	1.5.1
URL	http://lcdsantos.github.io/jQuery-Selectric/

本單元要介紹的是裝飾選單的外掛套件。

●HTML語法（index.html）

```
<!DOCTYPE html>
<html>
  <head>
    <meta charset="utf-8">
    <title>Sample</title>
    <link rel="stylesheet" href="css/selectric.css">
    <script src="http://ajax.googleapis.com/ajax/libs/jquery/2.1.1/jquery.min.js">
      </script>
    <script src="js/jquery.selectric.min.js"></script>
    <script src="js/sample.js"></script>
  </head>
  <body>
    <h1>裝飾選單</h1>
    <form>
      <select id="myMenu">
        <option>iPhone</option>
        <option>iPod</option>
        <option>iPad</option>
        <option>Android - Nexus 7</option>
        <option>Android - Nexus 5</option>
        <option>Android - Nexus 10</option>
        <option>Windows Phone</option>
      </select>
    </form>
  </body>
</html>
```

●JavaScript語法（sample.js）

```
$(function(){
  // 裝飾選單
  $("#myMenu").selectric({
    // 將邊界（間距）設定為1
    margin : 1,
```

```
    // 將框線設定為2
    border : 2,
    // 顯示選單時的最大高度
    maxHeight : 140
  });
});
```

選單使用的並非系統預設的樣式，而是使用者自訂的樣式。

點選選單時將顯示指定的高度選項。

ONEPOINT　裝飾選單的外掛套件「jQuery Selectric」

「jQuery Selectric」是為選單裝飾的外掛套件。使用方法是只要對想裝飾的選單（「select」元素）呼叫「selectric()」方法即可。選單的裝飾可以在下列的頁面選取，再匯入建立的CSS檔。

●jQuery Selectric

URL http://lcdsantos.github.io/jQuery-Selectric/demo.html

此外，「selectric()」方法可以指定下列表格內的選項。

■ 可指定的選項

選項	說明
onInit	指定選單初始化時呼叫的函數
onBeforeOpen	指定選單展開之前呼叫的函數
onOpen	指定選單展開之後呼叫的函數
onBeforClose	指定選單關閉之前呼叫的函數
onBeforeChange	指定選項變更時呼叫的函數
onChange	指定選項變更後呼叫的函數
onClose	指定選單關閉後呼叫的函數
maxHeight	指定選單的最大高度
keySearchTimeout	以毫秒指定搜尋後，選單重設之前的時間
arrowButtonMarkup	指定顯示HTML標籤的按鈕
disableOnMobile	是否於行動環境中初始化外掛套件；預設值為「true」
margin	指定邊界（間距）
border	指定選單外框的寬度

031 設定一致性的表單UI

外掛套件名稱	Formplate
外掛套件版本	1.3.6
URL	http://getwebplatee.com/plugins/formplate

本單元要介紹的是能設定一致性的表單UI。

●HTML語法（index.html）

```
<!DOCTYPE html>
<html>
  <head>
    <meta charset="utf-8">
    <title>Sample</title>
    <link href="css/formplate.css" rel="stylesheet" type="text/css">
    <script src="http://ajax.googleapis.com/ajax/libs/jquery/2.1.1/jquery.min.js">
        </script>
    <script src="js/modernizr-custom-v2.7.1.js"></script>
    <script src="js/formplate.min.js"></script>
    <script src="js/sample.js"></script>
  </head>
  <body>
    <h1>統一表單UI</h1>
    <form>
      <div class="formplate">
        <textarea>統一外觀設計</textarea>
        <input type="checkbox" name="cb1" value="cb1" checked>
        <label for="cb1">Windows</label>
        <input type="checkbox" name="cb2" value="cb2">
        <label for="cb2">Macintosh</label>
        <input type="checkbox" name="cb3" value="cb3">
        <label for="cb3">UNIX (Linux/FreeBSD)</label>
      </div>
      <div class="formplate">
        <select>
          <option value="1">10年之前就已使用</option>
          <option value="2">3年之前開始使用</option>
          <option value="3">最近才開始使用</option>
        </select>
      </div>
    </form>
    <div id="result"></div>
  </body>
</html>
```

●JavaScript語法（sample.js）

```
$(function(){
  // 統一頁面整體的表單UI
  $("body").formplate();
});
```

圖中為Windows 7 + Google Chrome的表單。

圖中為Mac OS X（10.6）+ Safari的表單。即便是舊版的瀏覽器也能顯示相同設計的表單UI。

ONEPOINT　統一表單UI設計的外掛套件「Formplate」

表單的設計通常會隨著瀏覽器或作業系統而改變。而Formplate則可以讓單選按鈕或是文字區塊這類表單元素，在各種瀏覽器版本或作業系統中保持不變。

要統一的UI元素可以利用「<div class="formplate">」括起來。後續只要加上「$("body").formplate()」，就能讓整張頁面的表單UI設計都統一。

此外，「formplate()」方法沒有任何可指定的選項。

CHAPTER 05
圖片

032 比較兩張圖片①

外掛套件名稱	Twenty Twenty
外掛套件版本	1.0
URL	http://zurb.com/playground/twentytwenty

本單元要介紹的是可以比較兩張圖片的外掛套件。

●HTML語法（index.html）

```
<!DOCTYPE html>
<html>
  <head>
    <meta charset="utf-8">
    <title>Sample</title>
    <link rel="stylesheet" href="css/twentytwenty.css">
    <style>
      #myPhoto { width: 384px; }
    </style>
    <script src="http://ajax.googleapis.com/ajax/libs/jquery/2.1.1/jquery.min.js">
      </script>
    <script src="js/jquery.event.move.js"></script>
    <script src="js/jquery.twentytwenty.js"></script>
    <script src="js/sample.js"></script>
  </head>
  <body>
    <h1>比較兩張圖片</h1>
      <div id="myPhoto">
        <img src="images/before.jpg">
        <img src="images/after.jpg">
      </div>
  </body>
</html>
```

●JavaScript語法（sample.js）

```
$(window).load(function() {
  // 同時顯示兩張圖片
  $("#myPhoto").twentytwenty({
    // 指定分割比例
    default_offset_pct : 0.5
  });
});
```

兩張圖片各佔一半版面。

當滑鼠移入圖片，左側的圖片將顯示「Before」，右側的圖片將顯示「After」。

拖曳中央的控制點（○圖示）即可改變分割顯示比例。

ONEPOINT 能同時比較兩張圖片（Before ／ After）的外掛套件「Twenty Twenty」

這次介紹的是將分別左右兩側的兩張圖片，以一張圖片來顯示的外掛套件「Twenty Twenty」。使用之前必須先準備要同時顯示的2張圖片，並建立容納這兩張圖片的「div」元素。此外，若同時準備了多張圖片，只有第一張與最後一張圖片能夠合成。對容納這兩張圖片的「div」元素呼叫「twentytwenty()」方法即可合成圖片。當滑鼠移入圖片，左側的圖片將顯示「Before」，右側的圖片將顯示「After」。若想變更「Before」與「After」這兩處的字樣，可以在「twentytwenty.css」檔案中搜尋下列的字串，再將字串改寫。

```
content: "Before"
content: "After"
```

此外，TwentyTwenty另有下列表格內的選項可以指定。

■ 可指定的選項

選項	說明
default_offset_pct	左右兩側的分割比例，「1」為100%、「0.5」則為50%；預設值為「0.5」；若指定為「0.25」，左側圖片將以25%的比例顯示，右側圖片則以75%的比例顯示

此外，若不需要拖曳中央的控制點（○圖示），可省略匯入「jquery.event.move.js」檔案。

033 比較兩張圖片②

外掛套件名稱	Covering-Bad
外掛套件版本	1.0.0
URL	https://github.com/seyedi/Covering-Bad

本單元要介紹的是可以比較兩張圖片的外掛套件，而這套與116頁的外掛套件有著不同的功能。

●HTML語法（index.html）

```
<!DOCTYPE html>
<html>
  <head>
    <meta charset="utf-8">
    <title>Sample</title>
    <link rel="stylesheet" href="css/coveringBad.css">
    <style>
      .covered {
        width  : 384px;
        height : 216px;
        background-image: url("images/before.jpg");
      }
      .covered .changeable {
        background-image: url("images/after.jpg");
      }
    </style>
    <script src="http://ajax.googleapis.com/ajax/libs/jquery/2.1.1/jquery.min.js">
      </script>
    <script src="js/coveringBad.js"></script>
    <script src="js/sample.js"></script>
  </head>
  <body>
    <h1>比較兩張圖片後顯示</h1>
      <div class="covered">
        <div class="handle"></div>
        <div class="changeable"></div>
      </div>
  </body>
</html>
```

●**JavaScript語法（sample.js）**

```
$(function() {
  // 以CSS的covered類別為對象
  $(".covered").coveringBad({
    // 上下分割
    direction : "vertical",
    // 將控制點的Y座標設定為50px
    setY : 50
  });
});
```

兩張圖片分別以上下分割的形式顯示。

拖曳中央的控制點（○圖示）即可改變分割顯示比例。

ONEPOINT 比較兩張圖片的外掛套件「covering-Bad」

「covering-Bad」是將兩張圖片分成左右或上下兩半之後，以一張圖片的方式顯示的外掛套件。在使用之前必須先準備兩張要同時顯示的圖片，接著以CSS將這兩張圖片定義成容納圖片的「div」元素的背景圖片。

之後只需要對定義完成的「div」元素呼叫「coveringBad()」方法即可，不需要另行設定任何選項。

「coveringBad()」方法還有下列表格內的各種選項，可用來指定控制點的位置。

■ 可指定的選項

選項	說明
marginX	指定控制點水平方向的間距
marginY	指定控制點垂直方向的間距
setX	指定控制點的X座標
setY	指定控制點的Y座標
direction	指定分割方向；可利用「"horizontal"」或「"vertical"」的字串指定

034 帶有特效的滑鼠移入

外掛套件名稱	Adipoli
外掛套件版本	2.0
URL	http://cube3x.com/adipoli-jquery-image-hover-plugin/

本單元要介紹的是帶有特效的滑鼠移入外掛套件。

●HTML語法（index.html）

```
<!DOCTYPE html>
<html>
  <head>
    <meta charset="utf-8">
    <title>Sample</title>
    <link rel="stylesheet" href="css/adipoli.css">
    <script src="http://ajax.googleapis.com/ajax/libs/jquery/2.1.1/jquery.min.js">
      </script>
    <script src="js/jquery.adipoli.min.js"></script>
    <script src="js/sample.js"></script>
  </head>
  <body>
    <h1>圖片的hover特效</h1>
    <img id="myPhoto" src="images/photo.jpg" width="384" height="216" alt="御嶽山">
  </body>
</html>
```

●JavaScript語法（sample.js）

```
$(function(){
  // 替圖片設定hover效果
  $("#myPhoto").adipoli({
    // 指定開始前的特效
    startEffect : "overlay",
    // 指定滑鼠移入時的特效
    hoverEffect : "fold",
    // 特效的播放時間
    animSpeed : 3000,
    // 若套用的是fold特效時，設定垂直的分割數量
    slices : 4,
    // 套用overlay特效時，覆蓋在圖片上的文字
    overlayText : "■■■  御嶽山  ■■■"
  });
});
```

圖片將套用預設的特效，並在圖片上顯示文字。

當滑鼠移入圖片，將切換圖片並伴隨著特效。

ONEPOINT　帶有特效的滑鼠移入的外掛套件「Adipoli」

jQuery雖然預設了可執行hover處理（滑鼠移入移出處理）的「hover()」方法，但這個方法不太適合透過各種特效切換圖片。因此本書介紹能先指定各種特效，再進行圖片切換處理的外掛套件「Adipoli」。Adipoli只對圖片有效，無法套用在文字上。

要執行具有特效的滑鼠移入處理時，可以對要切換的「img」元素呼叫「adipoli()」方法。Adipoli雖然不需要特別指定選項也能夠執行，但是仍可另外透過下列表格內的選項設定更為細膩的特效。

■ 可指定的選項

選項	說明
startEffect	指定特效播放時的特效種類；可指定的特效請參考『「startEffect」可指定的特效』表格
hoverEffect	指定滑鼠移入時的特效；可指定的特效請參考『「hoverEffect」可指定的特效』表格
imageOpacity	指定「transparent」或「overlay」特效的不透明度
animSpeed	以毫秒指定特效的播放速度
fillColor	於「overlay」特效使用的填色
textColor	文字顏色
overlayText	使用「overlay」特效時，覆蓋在圖片上的文字
slices	「slice」特效的分割數量
boxCols	以「box」為字首的特效的分割數量
boxRows	以「box」為字首的特效的分割數量
popOutMargin	「popout」特效的留白（邊界）
popOutShadow	「popout」特效的陰影長度

■「startEffect」可指定的特效種類

種類	說明
transparent	透明
normal	正常
overlay	覆蓋
grayscale	灰階

■「hoverEffect」可指定的特效種類

種類	說明
normal	正常（淡入）
popout	飛出
sliceDown	滑入（由左至右依序向下覆蓋）
sliceDownLeft	滑入（由右至左依序向下覆蓋）
sliceUp	滑入（由左至右依序向上覆蓋）
sliceUpLeft	滑入（由右至左依序向上覆蓋）
sliceUpRandom	滑入（隨機覆蓋）
sliceUpDown	滑入（上下同時覆蓋）
sliceUpDownLeft	滑入（上下同時覆蓋，「與sliceUpDown」覆蓋時的左右位置相反）
fold	由左至右覆蓋
foldLeft	由右至左覆蓋
boxRandom	隨機方塊
boxRain	隨機方塊（從左上角開始顯示）
boxRainReferse	隨機方塊（從右下角開始顯示）
boxRainGrow	從左上角開始覆蓋方塊
boxRainGrowReverse	從右下角開始覆蓋方塊

035 帶有縮放特效的圖片顯示／隱藏

外掛套件名稱	better Toggle
外掛套件版本	1.0.2
URL	https://github.com/kanakiyajay/betterToggle

本單元要介紹的是帶有縮放特效的圖片顯示／隱藏外掛套件。

●HTML語法（index.html）

```
<!DOCTYPE html>
<html>
  <head>
    <meta charset="utf-8">
    <title>Sample</title>
    <script src="http://ajax.googleapis.com/ajax/libs/jquery/2.1.1/jquery.min.js">
      </script>
    <script src="js/jquery.betterToggle.js"></script>
    <script src="js/sample.js"></script>
  </head>
  <body>
    <h1>帶有縮放特效的圖片顯示／隱藏</h1>
    <div id="photoList">
      <img src="images/photo.jpg" width="320" height="213" alt="松本城">
    </div>
  </body>
</html>
```

●JavaScript語法（sample.js）

```
$(function(){
  // 以div元素內的圖片為對象
  $("#photoList img").click(function(){
    // 交互切換圖片的顯示狀態
    $(this).betterToggle();
    // 將目前的元素放入ele
    (function(ele){
      // 經過3秒後再次顯示圖片
      setTimeout(function(){
        // 交互切換圖片的顯示狀態
        $(ele).betterToggle();
      }, 3000);
    })(this);
  });
});
```

點選圖片後會慢慢縮小，最後完全消失不見。

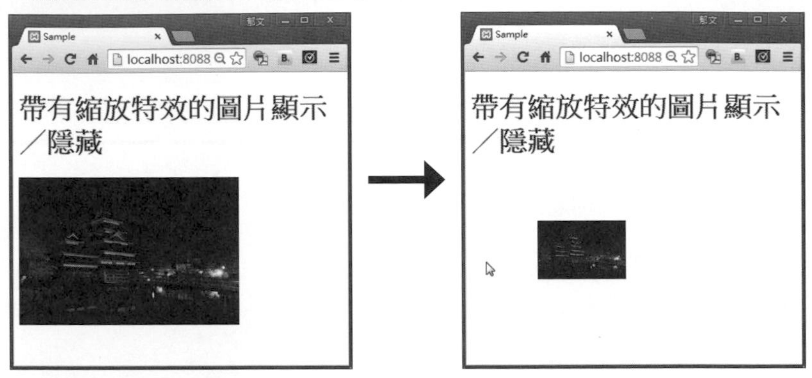

經過 3 秒之後，圖片會顯示並漸漸放大。

ONEPOINT　帶有縮放特效的圖片顯示／隱藏的外掛套件「betterToggle」

jQuery本身就內建了切換圖片顯示／隱藏的「toggle()」方法，但是這個方法沒有特效，只能讓圖片瞬間消失或出現。因此若想在此時套用更棒的視覺效果，就可以使用「betterToggle」這套外掛套件。betterToggle可當成「toggle()」方法的代替方法。

換句話説，只要將本來使用「toggle()」方法的部分改寫成「betterToggle()」方法，就能使用這套外掛套件，而且「betterToogle()」方法也沒有額外需要設定的參數與選項。

036 將圖片裁切為指定的尺寸

外掛套件名稱	Cropping Images
外掛套件版本	無
URL	http://vuongnguyen.com/fake-cropping-images-with-jquery.html

本單元要介紹的是將圖片裁切為指定尺寸的外掛套件。

●HTML語法（index.html）

```
<!DOCTYPE html>
<html>
  <head>
    <meta charset="utf-8">
    <title>Sample</title>
    <style>
      .myPhoto1, .myPhoto2 { display: inline-block; border: 1px solid black; }
      .myPhoto1 img, .myPhoto2 img { height: 104px; }
    </style>
    <script src="http://ajax.googleapis.com/ajax/libs/jquery/2.1.1/jquery.min.js">
        </script>
    <script src="js/jquery.fakecrop.js"></script>
    <script src="js/sample.js"></script>
  </head>
  <body>
    <h1>依照指定尺寸裁切</h1>
    <div class="myPhoto1"><img src="images/1.jpg"></div>
    <div class="myPhoto1"><img src="images/2.jpg"></div>
    <div class="myPhoto1"><img src="images/3.jpg"></div>
    <div class="myPhoto1"><img src="images/4.jpg"></div>
    <hr>
    <div class="myPhoto2"><img src="images/1.jpg"></div>
    <div class="myPhoto2"><img src="images/2.jpg"></div>
    <div class="myPhoto2"><img src="images/3.jpg"></div>
    <div class="myPhoto2"><img src="images/4.jpg"></div>
  </body>
</html>
```

●JavaScript語法（sample.js）

```
$(function(){
  // 裁切CSS類別名稱為myPhoto1中的圖片
  $(".myPhoto1 img").fakecrop();
  // 調整CSS類別名稱為myPhoto2中的圖片
  $(".myPhoto2 img").fakecrop({
```

Cropping Images

```
      // 調整長寬比，讓圖片收納在矩形範圍內顯示
      fill: false
    });
  });
```

第一層的圖片會填滿指定的範圍，而第二層的圖片則會在指定的範圍內，以原本的長寬比例顯示。

ONEPOINT　依照指定尺寸裁切圖片的外掛套件「Cropping Images」

「Cropping Images」是能夠讓圖片依照指定尺寸裁切的外掛套件。能依照「img」元素的高度調整圖片的寬度，而同時還可指定圖片要填滿指定尺寸的範圍，還是依原本的長寬比例顯示。

若是要讓圖片填滿指定尺寸的範圍，可先在「img」元素的CSS中指定圖片高度，接著再呼叫「fakecrop()」方法。「fill」選項則可設定圖片是先裁切再顯示，還是維持原本的長寬比再顯示。

■ 可指定的選項

選項	說明
fill	圖片是否填滿指定尺寸的範圍；「true」代表填滿，「false」代表保持圖片原有的長寬比

037 讓圖片呈菱形顯示

外掛套件名稱	diamonds
外掛套件版本	0.1.0
URL	http://mqchen.github.io/jquery.diamonds.js/

本單元要介紹的是讓圖片呈菱形顯示的外掛套件。

●HTML語法（index.html）

```
<!DOCTYPE html>
<html>
  <head>
    <meta charset="utf-8">
    <title>Sample</title>
    <link rel="stylesheet" href="css/diamonds.css">
    <script src="http://ajax.googleapis.com/ajax/libs/jquery/2.1.1/jquery.min.js">
        </script>
    <script src="js/jquery.diamonds.js"></script>
    <script src="js/sample.js"></script>
  </head>
  <body>
    <h1>讓圖片呈菱形顯示</h1>
    <div id="imageList">
      <img class="photo" src="images/1.jpg" width="128" height="128">
      <img class="photo" src="images/2.jpg" width="128" height="128">
      <img class="photo" src="images/3.jpg" width="128" height="128">
      <img class="photo" src="images/4.jpg" width="128" height="128">
      <img class="photo" src="images/5.jpg" width="128" height="128">
    </div>
  </body>
</html>
```

●JavaScript語法（sample.js）

```
$(function(){
  // 讓圖片呈菱形顯示
  $("#imageList").diamonds({
    // 指定圖片的尺寸
    size: 128,
    // 指定圖片與圖片之間的留白
    gap : 2,
```

diamonds

```
    // 指定套用處理的圖片的CSS類別
    itemSelector : ".photo",
    // 即便設定不完整也進行處理
    hideIncompleteRow : false,
    // 視窗重新縮放時重新整理畫面
    autoRedraw : true
  });
});
```

讓圖片呈菱形配置。

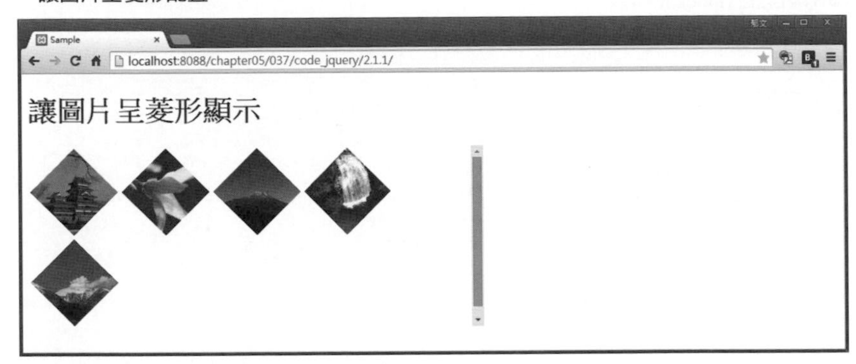

若圖片分成兩層，也會稍微排成類似菱形的形狀。

ONEPOINT　讓圖片呈菱形顯示／排列的外掛套件「diamonds」

「diamonds」是讓圖片呈菱形顯示／排列的外掛套件。不是讓圖片旋轉成菱形，而是直接將四個角落裁切掉，使圖片成為菱形。此外，若是同時顯示多排圖片，就會讓菱形與菱形之間接近填滿。

要呈菱形顯示的圖片必須先放入容器中，接著對這個容器的元素呼叫「diamonds()」方法。此時下列表格的選項若未被正確設定，就無法正確顯示成菱形。尤其要注意「size」與「gap」的設定，若沒有調整成正確的值，圖片的上下緣將會被裁斷。

■ 可指定的選項

選項	說明
size	圖片大小；圖片大小不一致就無法裁切成菱形，也有可能因「gap」值的設定而無法裁切成菱形
gap	圖片與圖片之間的留白；單位為像素
hideIncompleteRow	圖片完全填滿容器時，是否進行處理；預設值為「false」
itemSelector	指定裁切成菱形的圖片的選擇器
autoRedraw	視窗重新縮放時(容器的重新縮放)，是否重新整理畫面；預設值為「true」

MEMO

038 滑鼠移入時縮放圖片

外掛套件名稱	EasyZoom
外掛套件版本	2.2.1
URL	http://i-like-robots.github.io/EasyZoom/

本單元要介紹的是滑鼠移入時縮放圖片的外掛套件。

●**HTML語法（index.html）**

```
<!DOCTYPE html>
<html>
  <head>
    <meta charset="utf-8">
    <title>Sample</title>
    <link rel="stylesheet" href="css/easyzoom.css">
    <script src="http://ajax.googleapis.com/ajax/libs/jquery/2.1.1/jquery.min.js">
        </script>
    <script src="js/easyzoom.js"></script>
    <script src="js/sample.js"></script>
  </head>
  <body>
    <h1>縮放圖片</h1>
    <div class="easyzoom easyzoom--overlay">
      <a href="images/photo.jpg">
        <img src="images/thumb.jpg">
      </a>
    </div>
  </body>
</html>
```

●**JavaScript語法（sample.js）**

```
$(function(){
  // 設定圖片可以縮放
  $(".easyzoom").easyZoom({
    // 指定匯入時的訊息
    loadingNotice : "匯入中...",
    // 指定匯入失敗時的訊息
    errorNotice : "匯入圖片失敗"
  });
});
```

當滑鼠移入圖片時，滑鼠位置附近的部分就會放大。

ONEPOINT　滑鼠移入時放大圖片的外掛套件「EasyZoom」

「EasyZoom」是滑鼠移入之後，圖片就會跟著放大的外掛套件。這套外掛套件會在滑鼠移入時放大圖片。使用EasyZoom之前必須先預備小張圖片（縮圖）與大張圖片。大張圖片的URL可指定給「a」元素的「href」屬性，小張圖片則要指定給「img」元素的「src」屬性。接著再利用「div」元素括住這些「a」元素與「img」元素。最後在指令檔中對「div」元素呼叫「easyZoom()」方法。不特別指定選項也能執行這個方法，但也能指定下列表格內的選項。

■ 可指定的選項

選項	說明
loadingNotice	匯入圖片時的訊息
errorNotice	匯入失敗時的訊息
preventClicks	是否取消圖片的超連結；預設值為「true」，代表取消
onShow	圖片被放大時呼叫的事件處理器
onHide	圖片消失時呼叫的事件處理器

MEMO

039 依照容器尺寸顯示圖片

外掛套件名稱	imgLiquid
外掛套件版本	0.9.944
URL	https://github.com/karacas/imgLiquid

本單元要介紹的是依照容器尺寸顯示圖片的外掛套件。

●HTML語法（index.html）

```
<!DOCTYPE html>
<html>
  <head>
    <meta charset="utf-8">
    <title>Sample</title>
    <style>
      #imgLiquid1, #imgLiquid2, #imgLiquid3 { position: absolute; top : 80px; }
      #imgLiquid1 { border: 1px solid black; width:80px; height:150px; left: 10px; }
      #imgLiquid2 { border: 1px solid black; width:80px; height:150px; left: 100px; }
      #imgLiquid3 { border: 1px solid black; width:400px; height:200px; left: 190px; }
    </style>
    <script src="http://ajax.googleapis.com/ajax/libs/jquery/2.1.1/jquery.min.js">
        </script>
    <script src="js/imgLiquid-min.js"></script>
    <script src="js/sample.js"></script>
  </head>
  <body>
    <h1>依照容器尺寸顯示圖片</h1>
    <div id="imgLiquid1" class="imgLiquid" data-imgLiquid-fill="false">
      <img src="images/1.jpg" width="384" height="216">
    </div>
    <div id="imgLiquid2" class="imgLiquid" data-imgLiquid-fill="true">
      <img src="images/1.jpg" width="384" height="216">
    </div>
    <div id="imgLiquid3" class="imgLiquid" data-imgLiquid-fill="false">
      <img src="images/1.jpg" width="384" height="216">
    </div>
  </body>
</html>
```

●JavaScript語法（sample.js）

```
$(function(){
  // 對CSS類別名稱為imgLiquid的元素進行處理
  $(".imgLiquid").imgLiquid();
});
```

圖片將縮放成容器的尺寸再顯示。

ONEPOINT 依照容器尺寸顯示圖片的外掛套件「imgLiquid」

「imgLiquid」是能依照容器尺寸顯示圖片的外掛套件。這套外掛套件會將圖片的大小調整成包含在「img」元素中的元素尺寸。使用方法很簡單，只需要對目標容器呼叫「imgLiquid()」方法即可。

若要讓容器裡的圖片在毫無間隙的狀態下顯示，可以將包含在「img」元素中的元素指定「data-imgLiquid-fill="true"」。此外，將下列表格內的選項指定給「imgLiquid()」方法，也同樣能讓圖片之間沒有間隙地顯示。「imgLiquid()」方法可指定的選項請參考下列表格。

■ 可指定的選項

選項	說明
fill	是否讓圖片在容器中毫無間隙地顯示；「true」為無間隙
horizontalAlign	圖片的水平位置；可利用「"center"」、「"left"」、「"right"」這類字串或是「"50%"」這種百分比值指定
verticalAlign	圖片的垂直位置；可利用「"center"」、「"top"」、「"bottom"」這類字串或是「"50%"」這種百分比值指定
onStart	指定開始時呼叫的事件處理器
onFinish	指定結束時呼叫的事件處理器
onItemStart	指定圖片處理開始時呼叫的事件處理器
onItemFinish	指定圖片處理結束時呼叫的事件處理器

能以包含在「img」元素中的元素指定的自訂「data」屬性，請參考下列表格。

■ 可指定的自訂「data」屬性

自訂「data」屬性	說明
data-imgLiquid-fill	是否讓圖片在容器中毫無間隙地顯示；「true」為無間隙
data-imgLiquid-horizontalAlign	圖片的水平位置；可利用「"center"」、「"left"」、「"right"」這類字串或是「"50%"」這種百分比值指定
data-imgLiquid-verticalAlign	圖片的垂直位置；可利用「"center"」、「"top"」、「"bottom"」這類字串或是「"50%"」這種百分比值指定

040 將圖片配置於元素整體

外掛套件名稱	Wallpaper
外掛套件版本	3.1.18
URL	http://formstone.it/components/wallpaper

本單元要介紹的是能將圖片配置在元素整體的外掛套件。

●HTML語法（index.html）

```
<!DOCTYPE html>
<html>
  <head>
    <meta charset="utf-8">
    <title>Sample</title>
    <link rel="stylesheet" href="css/jquery.fs.wallpaper.css">
    <style>
      #myPhoto {
        width : 80%;
        height : 200px;
      }
    </style>
    <script src="http://ajax.googleapis.com/ajax/libs/jquery/2.1.1/jquery.min.js">
      </script>
    <script src="js/jquery.fs.wallpaper.min.js"></script>
    <script src="js/sample.js"></script>
  </head>
  <body>
    <h1>將圖片填滿元素</h1>
    <div id="myPhoto"></div>
  </body>
</html>
```

●JavaScript語法（sample.js）

```
$(function(){
  // 將圖片配置於元素
  $("#myPhoto").wallpaper({
    // 指定圖片的URL
    source : "images/1.jpg"
  });
});
```

Wallpaper

圖片配置將隨著元素大小改變。

當視窗（元素的尺寸）變更時，圖片的尺寸也會跟著改變。意即不論元素大小如何改變，圖片都會調整成填滿元素的大小。

ONEPOINT　讓圖片隨元素大小調整尺寸的外掛套件「Wallpaper」

「Wallpaper」是讓圖片隨元素大小調整尺寸的外掛套件。這套外掛套件可以讓圖片隨著元素的寬與高調整，也將圖片被設定為元素的背景圖片。使用之前需要先建立「div」元素，接著在指令檔中對容納圖片的元素呼叫「wallpaper()」方法。「wallpaper()」方法的選項「source」可指定圖片的URL。除了圖片之外，這套外掛套件也能將影片／YouTube影片配置於元素之內。

Wallpaper外掛套件可指定下列表格內的選項。

■ 可指定的選項

選項	說明
autoPlay	配置影像時是否自動播放；「true」為自動播放
embedRatio	指定影像的長寬比；預設值為16:9的「1.777777」
hoverPlay	影像是否只在滑鼠移入時播放；「true」為滑鼠移入時播放
loop	是否重覆播放影像（迴圈）；「true」為重覆播放
mute	是否關閉影像的聲音；「true」為消音
onLoad	匯入影像時呼叫的Callback函數
onReady	準備就緒時呼叫的Callback函數
source	圖片／影片的URL為物件；若想要指定為物件，可依下列語法指定

若「source」選項指定為物件時，可利用下列的語法指定。

■ 指定為圖片的情況

```
source: {
  "fallback":small.jpg",
  "(min-width:640px)" : "large.jpg"
}
```

■ 指定為影片的情況

```
source :{
  poster:"path/poster.jpg"
  mp4:"path/video.mp4"
  ogg:"path/video.ogv"
  webm:"path/video.webm"
}
```

■ 指定為YouTube影片的情況

```
source: {
  poster: "path/poster.jpg",
  video:"//www.youtube.com/embed/VIDEO_ID"
}
```

041 以畫線方式選取圖片

外掛套件名稱	Wrangle
外掛套件版本	無
URL	http://zurb.com/playground/wrangle-jquery-plugin

本單元要介紹的是以畫線方式選取圖片的外掛套件。

●**HTML語法(index.html)**

```
<!DOCTYPE html>
<html>
  <head>
    <meta charset="utf-8">
    <title>Sample</title>
    <link rel="stylesheet" href="css/style.css">
    <script src="http://ajax.googleapis.com/ajax/libs/jquery/2.1.1/jquery.min.js">
        </script>
    <script src="js/jquery.wrangle.js"></script>
    <script src="js/sample.js"></script>
  </head>
  <body>
    <h1>以畫線方式選取圖片</h1>
    <div data-wrangle id="gallery">
      <a data-all class="button">全部選取</a>
      <a data-clear class="button disabled">解除選取</a>
      <div data-selectarea>
        <ul data-list>
          <li><img class="photo" src="images/1.jpg" width="128" height="128"></li>
          <li><img class="photo" src="images/2.jpg" width="128" height="128"></li>
          <li><img class="photo" src="images/3.jpg" width="128" height="128"></li>
          <li><img class="photo" src="images/4.jpg" width="128" height="128"></li>
          <li><img class="photo" src="images/5.jpg" width="128" height="128"></li>
        </ul>
        <canvas data-canvas></canvas>
      </div>
    </div>
  </body>
</html>
```

●**JavaScript語法(sample.js)**

```
// 當window的load事件觸發時，進行下列處理
$(window).on("load", function() {
  // 設定圖片可以被選取
  $(document).wrangle({
```

```
    // 設定線條顏色
    lineColor : "#f00",
    // 設定線條粗細
    lineWidth : 10
  });
});
```

點選圖片或是在沒有圖片的區域按住滑鼠按鈕移動。

點選或是線條重疊時，圖片就會被選取。

Wrangle

點選「全部選取」就能選取所有圖片。

點選「解除選取」即可解除所有圖片的選取狀態。

ONEPOINT　以繪製線條的方式選取圖片的外掛套件「Wrangle」

「Wrangle」是能以繪製線條的方式選取圖片的外掛套件。在使用之前只需要在預設的HTML容器中，撰寫下列的語法就能使用。

```
<div data-wrangle>
  <div data-selectarea>
    <ul data-list>
        <li><img src="圖片的URL"></li>
        <li><img src="圖片的URL"></li>
        <li><img src="圖片的URL"></li>
    </ul>
    <canvas data-canvas></canvas>
  </div>
</div>
```

若是要將選擇圖片的功能嵌入HTML容器時，可撰寫下列的HTML標籤。

■ 選取所有圖片功能

```
<a data-all> ～ </a>
```

■ 解除選取功能

```
<a data-clear> ～ </a>
```

■ 啟用編輯模式功能

```
<a data-edit data-alttext="Cancel"> ～ </a>
```

■ 安裝自訂功能

```
<a data-="功能名稱"> ～ </a>
```

其中雖然沒有什麼複雜的設定，不過都必須在「window」物件的「load」事件觸發之後再呼叫外掛套件。Wrangle外掛套件可指定下列表格內的選項。

■ 可指定的選項

選項	說明
lineColor	線條顏色
lineWidth	線條寬度
editableClass	編輯時的CSS類別名稱
drawingClass	繪圖時的CSS類別名稱
selectedClass	選取時的CSS類別名稱
selectToggle	選取狀態是否交互切換
touchMode	是否支援觸控裝置的觸控功能
multiTouch	是否支援多點觸控
clearOnCancel	取消時，是否解除選取

042 讓圖片彈跳顯示

外掛套件名稱	Facebox
外掛套件版本	1.3
URL	http://defunkt.io/facebox/

本單元要介紹的是讓圖片彈跳顯示的外掛套件。

●HTML語法（index.html）

```
<!DOCTYPE html>
<html>
  <head>
    <meta charset="utf-8">
    <title>Sample</title>
    <link rel="stylesheet" href="css/facebox.css">
    <script src="http://ajax.googleapis.com/ajax/libs/jquery/2.1.1/jquery.min.js">
        </script>
    <script src="js/facebox.js"></script>
    <script src="js/sample.js"></script>
  </head>
  <body>
    <h1>讓圖片彈跳顯示</h1>
    <ul>
      <li><a href="images/1.jpg" rel="facebox">松本城</a></li>
      <li><a href="images/2.jpg" rel="facebox">芒草</a></li>
      <li><a href="images/3.jpg" rel="facebox">白絲瀑布</a></li>
      <li><a href="images/4.jpg" rel="facebox">奧木曾湖</a></li>
    </ul>
  </body>
</html>
```

●JavaScript語法（sample.js）

```
$(function(){
  // 指定關閉按鈕的URL
  $.facebox.settings.closeImage ="css/closelabel.png";
  // 指定載入圖片的URL
  $.facebox.settings.loadingImage ="css/loading.gif";
  // 以rel屬性將facebox指定為對象
  $("a[rel=facebox]").facebox();
});
```

點選超連結文字就能讓對應的圖片彈跳出來。

Facebox

ONEPOINT　讓圖片如Lightbox風格般彈跳顯示的外掛套件「Facebox」

「Facebox」是讓圖片如Lightbox風格般彈跳顯示的外掛套件。使用之前需要將圖片的URL指定給「a」元素的「href」屬性，並且要將「rel="facebox"」指定給「a」元素。接著執行將「rel="facebox"」視為key，讓圖片彈跳顯示的指令檔。指令檔可寫成「$("a[rel=facebox]").facebox();」。

此外，Facebox必須先指定關閉按鈕與載入圖片的URL。關閉按鈕可將URL指定給「$.facebox.settings.closeImage」，而載入圖片則可以將URL的參數指定給「$.facebox.settings.loadingImage」。

MEMO

043 放大圖片

外掛套件名稱	Fancyzoom
外掛套件版本	1.6
URL	http://www.dfc-e.com/metiers/multimedia/opensource/jquery-fancyzoom/

本單元要介紹的是讓圖片放大顯示的外掛套件。

●HTML語法（index.html）

```
<!DOCTYPE html>
<html>
  <head>
    <meta charset="utf-8">
    <title>Sample</title>
    <script src="http://ajax.googleapis.com/ajax/libs/jquery/2.1.1/jquery.min.js">
        </script>
    <script src="http://code.jquery.com/jquery-migrate-1.2.1.min.js"></script>
    <script src="js/jquery.fancyzoom.min.js"></script>
    <script src="js/sample.js"></script>
  </head>
  <body>
    <h1>點選後，圖片放大顯示</h1>
    <ul id="myAlbum">
      <li><a href="images/1.jpg" alt="國寶 松本城">松本城</a></li>
      <li><a href="images/2.jpg" alt="芒草">芒草</a></li>
      <li><a href="images/3.jpg" alt="長野縣 白絲瀑布">白絲瀑布</a></li>
      <li><a href="images/4.jpg" alt="長野縣 奧木曾湖">奧木曾湖</a></li>
    </ul>
  </body>
</html>
```

●JavaScript語法（sample.js）

```
$(function(){
  // 將ID名稱為myAlbum元素中的a元素視為對象
  $("#myAlbum a").fancyzoom({
    // 指定圖片的資料夾
    imgDir : "./img/",
    // 指定顯示速度
    Speed : 200,
    // 指定覆蓋層的顏色為黃色
    overlayColor : "yellow",
```

```
    // 指定覆蓋層的不透明度為70%
    overlay : 0.7
  });
});
```

點選連結後，對應的圖片就會以放大動畫效果顯示。

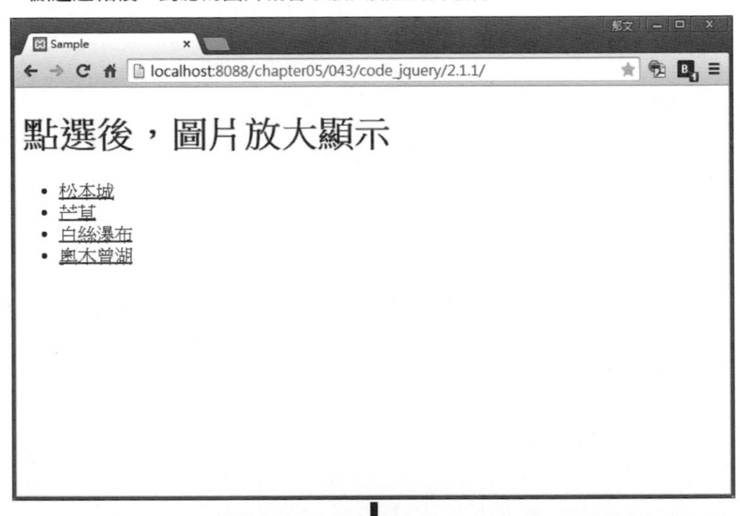

ONEPOINT 讓圖片放大顯示的外掛套件「Fancyzoom」

「Fancyzoom」是點選圖片縮圖或連結能夠放大圖片的外掛套件。這套外掛套件非常單純，能讓使用者輕易地設定放大圖片的功能。

要使用Fancyzoom時，可以先將圖片的URL指定給HTML「a」元素的「href」屬性，或是指定給「img」元素的「src」屬性。圖片說明可指定給「alt」屬性（「將「alt」屬性指定給「a」元素也能顯示圖片說明」。

當HTML的設定完成後，可以對要滑入顯示的「a」或「img」元素呼叫「fancyzoom()」方法。不需要指定任何選項也可以順利放大圖片。

「fancyzoom()」方法也可指定下列表格內的選項。

■ 可指定的選項

選項	說明
imgDir	指定Fancyzoom使用的圖片資源位置
Speed	以毫秒指定圖片的縮放速度
showoverlay	是否顯示覆蓋層；「true」為顯示
overlayColor	指定覆蓋層的顏色
overlay	指定覆蓋層的不透明度，可指定為「0.0」～「1.0」之間的範圍

MEMO

044 點選縮圖顯示大圖

外掛套件名稱	least.js
外掛套件版本	2.2.0
URL	http://leastjs.com/

本單元要介紹的是點選縮圖顯示大圖的外掛套件。

●HTML語法（index.html）

```
<!DOCTYPE html>
<html>
  <head>
    <meta charset="utf-8">
    <title>Sample</title>
    <link rel="stylesheet" href="css/least.min.css">
    <script src="http://ajax.googleapis.com/ajax/libs/jquery/2.1.1/jquery.min.js">
      </script>
    <script src="js/least.min.js"></script>
    <script src="js/sample.js"></script>
  </head>
  <body>
    <h1>幻燈片播放</h1>
    <section id="least">
      <div class="least-preview"></div>
      <ul class="least-gallery">
        <li><a href="images/1.jpg" data-subtitle="松本城" data-caption="別名又稱烏鴉城。">
          <img src="thumb/1.jpg" width="240" height="150">
          </a>
      </li>
      <li><a href="images/2.jpg" data-subtitle="芒草" data-caption="染上秋季垂暮的色彩。">
          <img src="thumb/2.jpg" width="240" height="150">
          </a>
      </li>
      <li><a href="images/3.jpg" data-subtitle="白絲瀑布" data-caption="有名的白絲瀑布。">
          <img src="thumb/3.jpg" width="240" height="150">
          </a>
      </li>
      <li><a href="images/4.jpg" data-subtitle="奧木曾湖" data-caption= ↵
              "位於長野縣木曾地區的湖泊。">
          <img src="thumb/4.jpg" width="240" height="150">
          </a>
        </li>
      </ul>
    </section>
  </body>
</html>
```

●**JavaScript語法（sample.js）**

```
$(function(){
  // 設定點選圖片就進行處理
  $(".least-gallery").least({
    // 是否以隨機的順序顯示縮圖
    random : false,
    // 圖片若無法於單張頁面顯示，是否允許捲動頁面
    scrollToGallery : true,
    // 是否顯示可支援高解析度裝置的圖片('x'圖片)
    HiDPI : false
  });
});
```

顯示縮圖一覽表。

滑鼠移入縮圖後，將顯示簡單的說明文字。

點選圖片即可以幻燈片方式播放大尺寸圖片。點選右上角的「×」按鈕（關閉按鈕）可以消除大尺寸圖片，只顯示原本的縮圖一覽表。

ONEPOINT 點選縮圖顯示大尺寸圖片的外掛套件「least.js」

「least.js」是點選縮圖顯示大此吋圖片的外掛套件。必須先依照下列方式在HTML中建立圖片的元素。縮圖的大小已於CSS檔中指定(#least .least-gallery li a {～})。如果縮圖太小，文字就會超出圖片，所以縮圖至少應該有240×150的大小。

```
<section id="least">
  <div class="least-preview"></div>
  <ul class="least-gallery">
❶   <li><a href="●大尺寸圖片URL" data-subtitle="●縮圖內的文字" ↵
    data-caption="●圖片的說明文字">
      <img src ="thumb/1.jpg" width="240" height="150">
      </a>
❷   </li>
   【依圖片數量重覆❶～❷的部分】
  </ul>
</section>
```

完成HTML的定義後，可輸入下列的指令。

```
$(".least-gallery").least();
```

least.js外掛套件可指定下列表格內的選項。

■ 可指定的選項

選項	說明
random	是否隨機顯示縮圖，「true」代表顯示；預設值為「true」
scrollToGallery	若縮圖太多，一點選大尺寸圖片就超出頁面無法正常顯示時，指定是否可以捲動頁面來顯示大型圖片；「true」代表可捲動顯示；預設值為「true」
HiDPI	是否顯示支援高解析度裝置的圖片；圖片檔案名稱為「01.jpg」代表的是正常解析度的圖片，若為「01x.jpg」則代表為高解析度圖片

045 點選縮圖顯示放大圖片

外掛套件名稱	Magnific Popup
外掛套件版本	0.9.8
URL	http://plugins.jquery.com/magnific-popup/

本單元要介紹的是點選縮圖顯示放大圖片的外掛套件。

●HTML語法（index.html）

```
<!DOCTYPE html>
<html>
  <head>
    <meta charset="utf-8">
    <title>Sample</title>
    <link rel="stylesheet" href="css/magnific-popup.css">
    <script src="http://ajax.googleapis.com/ajax/libs/jquery/2.1.1/jquery.min.js">
        </script>
    <script src="js/jquery.magnific-popup.min.js"></script>
    <script src="js/sample.js"></script>
  </head>
  <body>
    <h1>放大顯示圖片</h1>
    <div id="imageList">
      <a href="images/1.jpg"><img src="images/1.jpg" width="32" height="32"></a>
      <a href="images/2.jpg"><img src="images/2.jpg" width="32" height="32"></a>
      <a href="images/3.jpg"><img src="images/3.jpg" width="32" height="32"></a>
      <a href="images/4.jpg"><img src="images/4.jpg" width="32" height="32"></a>
      <a href="images/5.jpg"><img src="images/5.jpg" width="32" height="32"></a>
    </div>
  </body>
</html>
```

●JavaScript語法（sample.js）

```
$(function(){
  // 以ID名稱為imageList元素中的圖片為對象
  $("#imageList").magnificPopup({
    // 當a元素被點選時就進行處理
    delegate : "a",
    // 將顯示格式設定為圖片(image)
    type : "image"
  });
});
```

點選圖片後，該圖片就會於畫面中央放大。

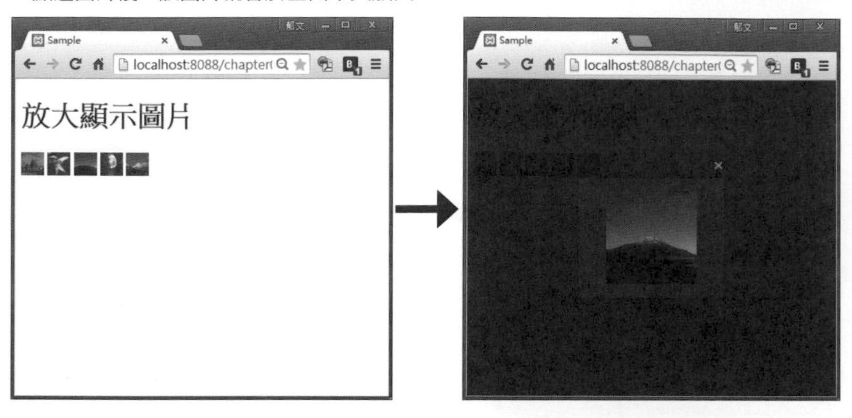

ONEPOINT 點選縮圖顯示放大圖片的外掛套件「Magnific Popup」

「Magnific Popup」是點選縮圖就會匯入實際圖片的外掛套件。這套外掛套件不僅可以顯示圖片，也能顯示影片或文字。而且不只能匯入與放大顯示單張圖片，還能以圖片藝廊的方式同時顯示多張圖片。

若要一次以多張圖片為對象，必須如範例般在「div」元素中撰寫「a」元素與「img」元素。當頁面匯入後，再對「div」元素呼叫「magnificPopup()」方法。此時可利用「delegate」選項將「div」元素中的「a」元素設定為事件對象。此外，為了將處理對象設定為圖片，可以將「type」項指定為「"image"」這個字串。

Magnific Popup外掛套件擁有許多選項，下列表格則為主要的選項。

■ 可指定的選項

選項	說明
type	處理對象的種類；可指定為「"image"」、「"iframe"」、「"inline"」、「"ajax"」其中一個字串
callbacks	統一指定各種Callback處理
image	指定與圖片相關的選項
iframe	指定與in-line frame有關的選項
ajax	指定與非同步傳輸（Ajax）有關的選項
gallery	指定為圖片藝廊有關的選項

此外，Magnific Popup外掛套件也能以Zepto.js(v.10)執行。

046 顯示對應容器大小的圖片

外掛套件名稱	jQuery Picture
外掛套件版本	0.9
URL	http://jquerypicture.com/

本單元要介紹的是能顯示對應容器尺寸圖片的外掛套件。

●HTML語法（index.html）

```
<!DOCTYPE html>
<html>
  <head>
    <meta charset="utf-8">
    <title>Sample</title>
    <script src="http://ajax.googleapis.com/ajax/libs/jquery/2.1.1/jquery.min.js">
        </script>
    <script src="js/jquery-picture-min.js"></script>
    <script src="js/sample.js"></script>
  </head>
  <body>
    <h1>顯示對應容器尺寸的圖片</h1>
    <picture alt="標題標誌">
      <source src="images/small.png">
      <source src="images/medium.png" media="(min-width:500px)">
      <source src="images/large.png" media="(min-width:700px)">
      <noscript>
        <img src="images/small.png" alt="標題標誌">
      </noscript>
    </picture>
  </body>
</html>
```

●JavaScript語法（sample.js）

```
$(function(){
  // 依照容器大小調整圖片尺寸
  $("picture").picture();
});
```

將隨著視窗大小變化顯示對應的圖片尺寸。

ONEPOINT　支援各種圖片尺寸的外掛套件「jQuery Picture」

「jQuery Picture」是能對應容器尺寸變更圖片的外掛套件。在使用之前必須先預備對應容器尺寸的圖片。

HTML可以在「picture」元素中透過「source」元素指定對應的圖片。要顯示哪種尺寸的圖片可以由「source」元素的「media」屬性指定。倘若指定為「media="(min-width:700px)"」，就代表顯示寬度達700px以上的指定圖片。

HTML的設定完成之後，可以在指令檔中對調整圖片對應的「picture」元素呼叫「picture()」方法。「picture()」方法可指定下列表格內的選項。

■ 可指定的選項

選項	說明
container	指定容器；預設值為「null」
ignorePixelRatio	是否忽略長寬比的設定；預設值為「false」
useLarger	是否使用最大尺寸的中斷點；預設值為「false」
insertElement	指定插入的元素；預設值為「">a"」
inlineDimensions	是否沿用預設的圖片尺寸；預設值為「false」

MEMO

047 依容器尺寸調整對應可點選式地圖的座標

外掛套件名稱	RWD Image Maps
外掛套件版本	1.5
URL	https://github.com/stowball/jQuery-rwdImageMaps

本單元要介紹的是，能依照容器大小調整對應可點選地圖座標的外掛套件。

●HTML語法（index.html）

```
<!DOCTYPE html>
<html>
  <head>
    <meta charset="utf-8">
    <title>Sample</title>
    <style>
      img[usemap] {
        height : auto;
        max-width : 100%;
        width : auto;
      }
    </style>
    <script src="http://ajax.googleapis.com/ajax/libs/jquery/2.1.1/jquery.min.js">
        </script>
    <script src="js/jquery.rwdImageMaps.min.js"></script>
    <script src="js/sample.js"></script>
  </head>
  <body>
    <h1>依照容器尺寸調整對應座標</h1>
    <img src="images/1.jpg" width="480" height="270" usemap="castle">
    <map name="castle">
      <area shape="rect" coords="140,50,350,200" alt="松本城">
      <area shape="rect" coords="0,205,480,270" alt="埋橋">
    </map>
  </body>
</html>
```

●JavaScript語法（sample.js）

```
$(function(){
  // 依容器大小調整可點選式地圖的對應座標
  $("img[usemap]").rwdImageMaps();
  // 當可點選式地圖被點選時顯示警告訊息對話框
  $("area").on("click", function() {
```

```
      // 原封不動顯示alt屬性的內容
      alert($(this).attr("alt"));
    });
});
```

下列的照片在城堡與下方的樑設定了影像地圖的範圍。

點選城堡或橋樑，將顯示對應的警告訊息對話框。

若調整視窗大小，圖片的尺寸會跟著改變，影像地圖的座標也會對應調整。

由於座標已透過指令檔調整，所以點選城堡或橋樑，會顯示對應的警告訊息對話框。

ONEPOINT 依照圖片尺寸自動調整對應座標的外掛套件「RWD Image Maps」

「RWD Image Maps」是能依照容器尺寸調整對應圖片的影像地圖座標的外掛套件。

HTML的部分可利用「img」元素、「map」元素與「area」元素建立影像地圖。RWD Image Maps這套外掛套件不需要在HTML以特殊的屬性指定影像地圖，只需要以一般的方式指定即可。

完成HTML的設定後，可以在指令檔內中輸入「$("img[usemap]").rwdImageMaps()」即可。如此一來影像地圖的座標就會自動對應調整。此外，「rwdImageMaps()」方法並無其他可指定的選項。

048 顯示高解析度裝置專用的圖片①

外掛套件名稱	Dense.js
外掛套件版本	0.0.0
URL	http://dense.rah.pw/

本單元要介紹的是能顯示高解析度裝置專用圖片的外掛套件。

●HTML語法（index.html）

```
<!DOCTYPE html>
<html>
  <head>
    <meta charset="utf-8">
    <title>Sample</title>
    <script src="http://ajax.googleapis.com/ajax/libs/jquery/2.1.1/jquery.min.js">
        </script>
    <script src="js/dense.min.js"></script>
  </head>
  <body class="dense-retina">
    <h1>依解析度顯示對應圖片</h1>
    <img src="images/photo.jpg" width="320" height="240" data-2x="images/photo-2x.jpg">
  </body>
</html>
```

若以高解析度裝置瀏覽時，將顯示高解析度圖片。

若以正常解析度裝置（96dpi以下）瀏覽時，將顯示一般的圖片。

ONEPOINT　支援高解析度裝置的外掛套件「Dense.js」

「Dense.js」是可於高解析度裝置瀏覽時，顯示高解析度圖片的外掛套件。使用時必須預先準備正常解析度與高解析度的圖片。正常解析度的圖片可由「img」元素的「src」屬性指定，而高解析度圖片則將URL指定給「data-2x」屬性。若希望Dense.js支援更高解析度的圖片，可以將屬性改成「data-3x」這類數值更高的屬性。

使用Dense.js時，不一定非得準備高解析度的圖片，或非得以「data-2x」屬性指定。假設手邊沒有高解析度的圖片，也未指定「data-2x」屬性時，就會直接顯示正常解析度的圖片。此外，若指令檔無法正常執行，也會改為顯示正常解析度的圖片。

完成上述指定後，下一步就是將「class="dense-retina"」指定給「body」元素。後續只要匯入Dense.js的函式庫檔，就能自動替換高解析度圖片。

Dense.js函式庫具有下列表格內的選項，可於「retina()」方法的第一個參數指定。

■ 可指定的選項

選項	說明
ping	檢視是否具有高解析度圖片；「true」為檢視
dimensions	指定圖片的「width」與「height」屬性如何處理；可指定為「"update"」、「"remove"」、「"preserve"」其中一個字串
glue	指定附加於高解析度圖片檔案名稱的字串；預設值為「_」（底線）

此外，必須注意Dense.js在顯示正常解析度的圖片之後，才會將圖片置換成高解析度圖片。而此時資料傳輸量（traffic）也將增加。

Dense.js

049 顯示高解析度裝置專用的圖片②

外掛套件名稱	jQuery imgRetina
外掛套件版本	無
URL	http://soplog.skr.jp/web/jquery-plugin-img-retina.html

本單元要介紹的是與162頁不同的高解析度裝置圖片顯示外掛套件。

●HTML語法（index.html）

```
<!DOCTYPE html>
<html>
  <head>
    <meta charset="utf-8">
    <title>Sample</title>
    <script src="http://ajax.googleapis.com/ajax/libs/jquery/2.2.1/jquery.min.js">
        </script>
    <script src="js/jquery.imgRetina.min.js"></script>
    <script src="js/sample.js"></script>
  </head>
  <body>
    <h1>依解析度顯示對應圖片</h1>
    <a href="images/photo.jpg"
      class="img-retina"
      data-img-width="320px"
      data-img-height="240px"
      data-img-alt="國寶 松本城">國寶 松本城</a>
  </body>
</html>
```

●JavaScript語法（sample.js）

```
$(function(){
  // 依解析度顯示不同圖片
  $(".img-retina").imgRetina();
});
```

以高解析度裝置的瀏覽時，將顯示高解析度圖片。

以正常解析度（96dpi以下）的裝置瀏覽時，將顯示一般的圖片。

01 jQuery Plugin的概要
02 顏色／Color
03 地圖
04 通知／表單
05 圖片
06 全螢幕顯示／幻燈片播放
07 頁面
08 文字
09 選單
10 其他

ONEPOINT 支援高解析度裝置的外掛套件「imgRetina」

「imgRetina」是能夠在高解析度裝置中，顯示高解析度圖片的外掛套件。在使用之前，必須先準備正常解析度與高解析度的圖片。而這套外掛套件預設在高解析度圖片的檔案名稱結尾處附加「_2x」。假設正常解析度的圖片檔案名稱為「point.jpg」，「point_2x.jpg」就是高解析度圖片的檔案名稱。

假設使用的是「a」元素的「href」屬性或「div」元素指定，可將正常解析度的URL指定給「data-img-path」。而圖片的寬度可以由「data-img-width」指定，高度則由「data-img-height」指定。指定的值必須附加單位。

完成元素的值設定後，只需要呼叫「imgRetina()」方法。

這個方法另有下列表格內的選項可以指定。

■ 可指定的選項

選項	說明
suffix	高解析度圖片檔案名稱的綴尾；可指定為「"_2x"」的字樣
wrapper	是否保留錨點，「true」為保留；預設值為「false」，代表不保留

此外，imgRetina會根據「a」元素的「href」屬性或「data-img-path」屬性的資訊匯入顯示圖片。因此不會像其他外掛套件一樣，將正常解析度的圖片與高解析度的圖片同時匯入，也就不會徒增資料傳輸量。

MEMO

050 顯示高解析度裝置專用的圖片③

外掛套件名稱	jQuery Retina
外掛套件版本	1.0
URL	http://tylercraft.com/projects/jquery-retina-plugin/

本單元要介紹的是與162、164頁不同的高解析度裝置圖片顯示外掛套件。

●HTML語法（index.html）

```
<!DOCTYPE html>
<html>
  <head>
    <meta charset="utf-8">
    <title>Sample</title>
    <script src="http://ajax.googleapis.com/ajax/libs/jquery/2.0.3/jquery.min.js">
        </script>
    <script src="js/jquery.retina.min.js"></script>
    <script src="js/sample.js"></script>
  </head>
  <body>
    <h1>依解析度顯示對應圖片</h1>
    <img src="images/photo.jpg" width="320" height="240" ↵
    data-retina="images/photo-2x.jpg">
  </body>
</html>
```

●JavaScript語法（sample.js）

```
$(function(){
  // 若於高解析度裝置瀏覽時替換對應圖片
  $("img").retina();
});
```

於高解析度裝置瀏覽時，顯示高解析度圖片。

於正常解析度（96dpi以下）裝置瀏覽時，顯示正常解析度圖片。

ONEPOINT 支援高解析度裝置的外掛套件「jQuery Retina」

「jQuery Retina」是支援高解析度裝置，顯示高解析度圖片的外掛套件。使用時必須準備正常解析度與高解析度的圖片。

正常解析度的圖片可於「img」元素的「src」屬性指定。若想要顯示高解析度的圖片時，可以將高解析度圖片的URL指定給「data-retina」屬性，不過不一定非得準備高解析度圖片以及透過「data-retina」指定。若沒有高解析度圖片，也未以「data-retina」屬性指定時，將顯示正常解析度的圖片。此外，若指令檔無法正常執行，也將顯示正常解析度的圖片。

完成「img」元素的指定後，可以對該「img」元素呼叫「retina()」方法。如此一來將自動匯入高解析度的圖片。

此外「retina()」方法另有下列表格內的選項可以指定。

■ 可指定的選項

選項	說明
dataRetina	以旗標指定是否根據「dataRetina」屬性替換圖片
checkIfImageExists	以旗標指定是否只在伺服器具備高解析度圖片時才顯示圖片
suffix	指定綴於高解析度圖片檔案名稱結尾處的字串；「指定為「"-2x"」這類的字串
customFileNameCallback	指定使用自訂檔名時的Callback函數
overridePixelRation	以旗標指定是否覆寫「window.devicePixelRatio」的值

此外需要注意的是，jQuery Retina會在顯示正常解析度的圖片之後，再將圖片替換成高解析度的圖片，因此將會使資料傳輸量（traffic）增加。

051 套用漣漪效果

外掛套件名稱	jQuery Ripples
外掛套件版本	0.1.0
URL	http://sirxemic.github.io/jquery.ripples/

本單元要介紹的是產生漣漪效果的外掛套件。

●HTML語法（index.html）

```
<!DOCTYPE html>
<html>
  <head>
    <meta charset="utf-8">
    <title>Sample</title>
  <style>
    body {
      width: 100%;
      height: 600px;
      background-image: url(images/photo.jpg);
    }
  </style>
    <script src="http://ajax.googleapis.com/ajax/libs/jquery/2.1.1/jquery.min.js">
        </script>
    <script src="js/jquery.ripples.js"></script>
    <script src="js/sample.js"></script>
  </head>
  <body>
    <h1>漣漪效果</h1>
    <p>點選時將出現漣漪般的波紋</p>
  </body>
</html>
```

●JavaScript語法（sample.js）

```
$(function(){
  // 以整張頁面為套用對象
  $("body").ripples({
    // 指定解析度
    resolution: 512,
    // 指定波紋半徑
    dropRadius: 10,
```

```
    // 指定波紋隨機程度(高度與強度)
    perturbance: 1.25,
  });
});
```

移動或按下滑鼠左鍵將使波紋擴散。

ONEPOINT 能套用漣漪效果的外掛套件「jQuery Ripples」

「jQuery Ripples」是能夠套用漣漪效果的外掛套件。是透過WebGL來產生特效,所以不支援WebGL的網頁瀏覽器無法執行。

使用這套外掛套件時,可以在指定套用對象後,呼叫「ripples()」方法。不指定任何選項時,也能透過滑鼠移動與點選使漣漪擴散。

「ripples()」方法另有下列表格內的選項可以指定。

■ 可指定的ripples選項

選項	說明
resolution	指定波紋的解析度;數值越大,越能產生細膩精緻的波紋
dropRadius	指定波紋的擴散範圍
perturbance	指定波紋的隨機程度

MEMO

CHAPTER 06
全螢幕顯示／幻燈片播放

052 於全螢幕顯示幻燈片

外掛套件名稱	Backstretch
外掛套件版本	2.0.4
URL	http://srobbin.com/jquery-plugins/backstretch/

本單元要介紹的是能於全螢幕模式顯示幻燈片的外掛套件。

●HTML語法（index.html）

```
<!DOCTYPE html>
<html>
  <head>
    <meta charset="utf-8">
    <title>Sample</title>
    <script src="http://ajax.googleapis.com/ajax/libs/jquery/2.1.1/jquery.min.js">
      </script>
    <script src="js/jquery.backstretch.min.js"></script>
    <script src="js/sample.js"></script>
  </head>
  <body>
    <h1>於全螢幕顯示幻燈片</h1>
  </body>
</html>
```

●JavaScript語法（sample.js）

```
$(function(){
  // 將指定的圖片設為背景，以全螢幕模式顯示
  $.backstretch([
    // 列出切換顯示的圖片URL
    "images/1.jpg",
    "images/2.jpg",
    "images/3.jpg",
    "images/4.jpg",
  ], {
    // 將顯示時間設定為4秒
    duration: 3000,
    // 將淡出時間設定為1秒
    fade: 1000
  });
});
```

圖片將在全螢幕模式下逐張淡出切換播放。

ONEPOINT　於全螢幕模式顯示幻燈片的外掛套件「Backstretch」

「Backstretch」是能透過指令檔在全螢幕模式下顯示指定圖片的外掛套件。由指令檔指定圖片，所以不需要在HTML中設定元素。

要顯示指定的圖片時，可在頁面匯入之後，將圖片的URL以陣列元素的方式指定給「$.backstretch()」方法的第一個參數。陣列可依照圖片的數量定義，顯示時間與淡出時間可由「$.backstretch()」方法的第二個參數的選項指定。可指定的選項如下。

■ 可指定的選項

選項	說明
centeredX	是否對齊水平中央位置（是否水平置中）；「true」為置中
centeredY	是否對齊垂直中央位置（是否垂直置中）；「true」為置中
duration	以毫秒指定圖片的顯示時間
fade	以毫秒指定圖片的淡出時間

此外，若只想顯示一張背景圖片時，可直接將圖片的URL指定給「$.backtretch()」方法的第一個參數。

MEMO

053 於全螢幕顯示圖片

外掛套件名稱	Fullscreen Background
外掛套件版本	1.0.0
URL	http://www.gayadesign.com/diy/jquery-plugin-fullscreen-background/

本單元要介紹的是於全螢幕模式顯示圖片的外掛套件。

●HTML語法（index.html）

```
<!DOCTYPE html>
<html>
  <head>
    <meta charset="utf-8">
    <title>Sample</title>
    <script src="http://ajax.googleapis.com/ajax/libs/jquery/2.1.1/jquery.min.js">
      </script>
    <script src="js/jquery.fullscreenBackground.js"></script>
    <script src="js/sample.js"></script>
  </head>
  <body>
    <h1>於全螢幕模式顯示圖片</h1>
    <div id="bg">
      <img src="images/1.jpg" width="480" height="270">
    </div>
  </body>
</html>
```

●JavaScript語法（sample.js）

```
$(function(){
  // 以全螢幕模式顯示容器內的圖片
  $("#bg").fullscreenBackground();
});
```

圖片將於全螢幕模式顯示。

圖片將配合視窗大小，以維持長寬比例的狀態於全螢幕模式下顯示。

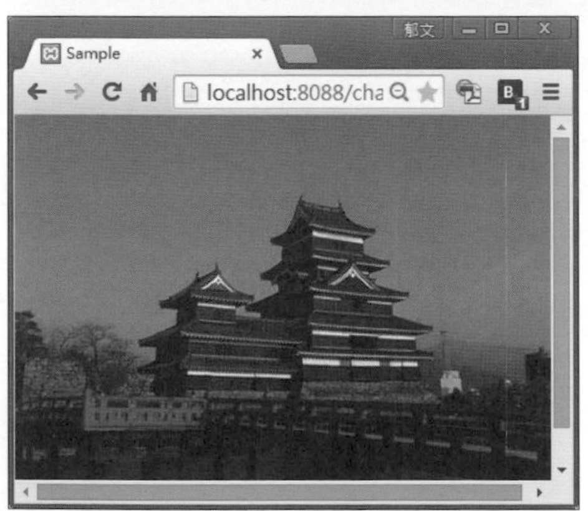

ONEPOINT 於全螢幕模式下顯示圖片的外掛套件「Fullscreen Background」

這次介紹的是能於全螢幕模式下顯示圖片的外掛套件「Fullscreen Background」。要讓這套外掛套件於全螢幕模式底下顯示圖片之前，必須先建立用來顯示圖片的「img」元素。只要對「img」元素呼叫「fullscreenBackground()」方法，就能讓圖片隨著視窗大小縮放，並以全螢幕模式顯示。不過此時無法顧慮圖片的長寬比例。若希望圖片能維持原有的長寬比例，可利「div」元素包住「img」元素，然後再對該「div」元素呼叫「fullscreenBackground()」方法。

「fullscreenBackground()」方法還可另外指定下列表格內的選項。

■ 可指定的選項

選項	說明
selector	指定選擇器；預設值為「"img"」字串
fillOnResize	圖片是否隨著視窗大小縮放；預設值為「true」
defaultCss	是否使用預設的CSS，預設值為「true」；圖片若無法正常顯示，可設定為「false」，並自行建立CSS

MEMO

054 於全螢幕模式播放幻燈片①

外掛套件名稱	MaxImage
外掛套件版本	2.0.8
URL	https://github.com/akv2/MaxImage

本單元要介紹的是能於全螢幕模式播放幻燈片的外掛套件。

●HTML語法（index.html）

```
<!DOCTYPE html>
<html>
  <head>
    <meta charset="utf-8">
    <title>Sample</title>
    <link rel="stylesheet" href="css/jquery.maximage.css">
    <script src="http://ajax.googleapis.com/ajax/libs/jquery/2.0.3/jquery.min.js">
        </script>
    <script src="js/jquery.maximage.min.js"></script>
    <script src="js/jquery.cycle.all.min.js"></script>
    <script src="js/sample.js"></script>
  </head>
  <body>
    <h1>於全螢幕模式播放幻燈片</h1>
    <div id="maximage">
      <img src="images/1.jpg" width="480" height="270">
      <img src="images/2.jpg" width="480" height="270">
      <img src="images/3.jpg" width="480" height="270">
      <img src="images/4.jpg" width="480" height="270">
    </div>
  </body>
</html>
```

●JavaScript語法（sample.js）

```
$(function(){
  // 以ID名稱為maximage的圖片為對象
  $("#maximage").maximage({
    // 指定幻燈片的選項
    cycleOptions : {
      // 指定特效
      fx : "fade",
      // 指定切換時間
      speed : 3000
```

```
    }
  });
});
```

圖片將以全螢幕模式顯示，並於淡出特效後切換。

ONEPOINT　能於全螢幕模式播放幻燈片的外掛套件「MaxImage」

「MaxImage」是能於全螢幕模式播放幻燈片的外掛套件。此外，MaxImage除了能顯示圖片，也能播放影片。

MaxImage必須依照圖片的數量，在「div」元素中撰寫要於幻燈片內播放的圖片。假設「img」元素只有一個，圖片將於全螢幕模式下顯示，但無法以幻燈片的方式播放。

圖片的敘述完成後，可以對該「div」元素呼叫「 maximage()」方法。即便未曾指定任何選項，也將自動於全螢幕模式播放幻燈片。

「maximage()」方法另有選項可以指定。想要顯示幻燈片時，可以為「cycleOptions」參數指定下列表格內的選項。

■ 可指定的「cycleOptions」的選項

選項	說明
fx	指定特效名稱
speed	以毫秒指定切換圖片的時間
timeout	指定逾時時間
prev	指定顯示上一張圖片按鈕的ID名稱
next	指定顯示下一張圖片按鈕的ID名稱

055 於全螢幕模式播放幻燈片②

外掛套件名稱	Supersized
外掛套件版本	3.2.7
URL	http://buildinternet.com/project/supersized/

本單元要介紹的，是與180頁完全不同的全螢幕模式播放幻燈片外掛套件。

●**HTML語法（index.html）**

```
<!DOCTYPE html>
<html>
  <head>
    <meta charset="utf-8">
    <title>Sample</title>
    <link rel="stylesheet" href="css/supersized.css">
    <script src="http://ajax.googleapis.com/ajax/libs/jquery/2.1.1/jquery.min.js">
      </script>
    <script src="js/jquery.easing.min.js"></script>
    <script src="js/supersized.3.2.7.min.js"></script>
    <script src="js/sample.js"></script>
  </head>
  <body>
    <h1>於全螢幕模式下播放幻燈片</h1>
  </body>
</html>
```

●**JavaScript語法（sample.js）**

```
$(function(){
  // 進行幻燈片處理
  $.supersized({
    // 切換成幻燈片模式
    slideshow : 1,
    // 設定自動播放
    autoplay : 1,
    // 指定顯示時間
    slide_interval : 3000,
    // 指定切換方法
    transition : 6,
    // 指定切換時間
    transition_speed : 2000,
    // 依序顯示圖片
    start_slide : 1,
    // 指定幻燈片圖片
    slides : [
```

Supersized

```
      { image : "images/1.jpg" },
      { image : "images/2.jpg" },
      { image : "images/3.jpg" },
      { image : "images/4.jpg" }
    ]
  });
});
```

圖片將以全螢幕模式顯示，並以從右滑動至左的方向切換。

Sample
localhost:8088/chapter06/055/code_jquery/2.1.1/
於全螢幕模式下播放幻燈片

Sample
localhost:8088/chapter06/055/code_jquery/2.1.1/
於全螢幕模式下播放幻燈片

ONEPOINT　能於全螢幕模式下播放幻燈片的外掛套件「Supersized」

「Supersized」是能於全螢幕模式下播放幻燈片的外掛套件，專門可以用來在全螢幕模式播放圖片。

使用Supersized之前不需要先在HTML中設定元素，所有要顯示的圖片都可以在指令檔當中設定。而在指令檔中，則需要替「$.supersized()」方法設定選項以及要顯示的圖片。可設定的主要選項請參考下列表格。

■ 可指定的選項

選項	說明
slides	將圖片指定為陣列元素；1個元素最少必須以「{ image : " **圖片URL** "}」指定；其他還可指定為「title」或「thumb」、「url」選項
slideshow	是否切換成幻燈片模式；「0」為不切換，「1」為切換
slide_interval	以毫秒指定圖片切換時間
transition	以「0」～「7」的數值指定圖片的切換方式；「0」：停用效果、「1」：淡出、「2」從上方滑入覆蓋、「3」：從右側滑入覆蓋、「4」：從下方滑入覆蓋、「5」：從左側滑入覆蓋、「6」：從右側向左滑入推出、「7」：從左側向右滑入推出
transition_speed	以毫秒指定圖片切換速度
autoplay	是否自動播放；「1」為自動播放，「0」為停止自動播放
fit_always	是否讓圖片保持原本的長寬比並填滿視窗；「1」為填滿，「0」為不填滿
fit_landscape	是否以圖片的寬度為基準來填滿視窗；「1」為填滿，「0」為不填滿
fit_portrait	是否以圖片的高度為基準來填滿視窗；「1」為填滿，「0」為不填滿
horizontal_center	是否將圖片的水平中央位置設定在視窗的中央處；「1」為設定，「0」則以圖片左側為基準
vertical_center	是否將圖片的垂直中央位置設定在視窗的中央處；「1」為設定，「0」則以圖片上方為基準
image_protect	是否禁止拖曳圖片；「1」為禁止，「0」為可拖曳
keyboard_nav	是否可利用鍵盤（方向鍵或空白鍵）切換圖片；「1」為可以，「0」為不可
new_window	於圖片設定超連結時，點選圖片的超連結是否另開視窗；「1」為開啟，「0」為不開啟
pause_hover	當滑鼠移入時，是否暫停幻燈片播放；「1」為暫停，「0」為不暫停
performance	效能設定，可利用「0」～「3」的數值指定；「0」：不調整、「1」：混合設定、「2」：高畫質、「3」：以圖片切換優先設定為低畫質
random	是否隨機顯示圖片；「0」為依照陣列內部順序，「1」為隨機顯示
start_slide	圖片的起始編號；指定為「0」將從隨機的位置開始播放
stop_loop	是否重覆播放；「0」為重覆，「1」為不重覆

056 如百葉窗般讓圖片滑入顯示

外掛套件名稱	Blindify
外掛套件版本	0.2.0
URL	https://github.com/stathisg/blindify

本單元要介紹的是如百葉窗般讓圖片滑入顯示的外掛套件。

●HTML語法（index.html）

```
<!DOCTYPE html>
<html>
  <head>
    <meta charset="utf-8">
    <title>Sample</title>
    <link rel="stylesheet" href="css/blindify.css">
    <script src="http://ajax.googleapis.com/ajax/libs/jquery/2.1.1/jquery.min.js">
      </script>
    <script src="js/jquery.blindify.min.js"></script>
    <script src="js/sample.js"></script>
  </head>
  <body>
    <h1>滑入顯示</h1>
      <div id="blindify">
        <ul>
          <li><img src="images/1.jpg"></li>
          <li><img src="images/2.jpg"></li>
          <li><img src="images/3.jpg"></li>
          <li><img src="images/4.jpg"></li>
          <li><img src="images/5.jpg"></li>
          <li><img src="images/6.jpg"></li>
          <li><img src="images/7.jpg"></li>
        </ul>
      </div>
  </body>
</html>
```

●JavaScript語法（sample.js）

```
$(function(){
  // 以位於ID名稱為blindify內的img元素為對象
  $("#blindify").blindify({
    // 百葉窗的方向
    orientation : "vertical",
```

```
        // 指定百葉窗分割數量
        numberOfBlinds: 20,
        // 指定百葉窗特效的播放速度
        animationSpeed: 2000,
        // 下一張圖片顯示之前的時間
        delayBetweenSlides: 500,
        // 長條的上下間距
        gap : 150
    });
});
```

以百葉窗方式顯示圖片，將於一段固定時間切換。

Sample
localhost:8088/chapter06/056/code_jquery/2.1.1/
滑入顯示

Sample
localhost:8088/chapter06/056/code_jquery/2.1.1/
滑入顯示

ONEPOINT　能以百葉窗方式顯示圖片的外掛套件「Blindify」

「Blindify」是能以百葉窗方式顯示圖片的外掛套件。可以指定切換圖片，並無限重覆顯示圖片。

使用Blindify之前，可先依照圖片的數量將「img」元素當成「ul」元素的列表項目撰寫。接著再建立容納所有「ul」元素的「div」元素，再為此「div」元素指定ID名稱。

完成HTML的定義後呼叫「blindify()」方法。這個方法另外預設了多個選項，可以用來指定百葉窗的葉片數量與圖片切換速度。「blindify()」方法可指定的選項請參考下列表格。

■ 可指定的選項

選項	說明
numberOfBlinds	指定百葉窗的葉片數量
slideVisibleTime	指定滑入顯示時間
color	指定百葉窗的顏色
margin	指定葉片之間的空隙
width	指定容器的寬度；可指定成與圖片相同的寬度
height	指定容器的高度；可指定成與圖片相同的高度
gap	指定百葉窗上下或左右的最大留白
animationSpeed	以毫秒指定切換動畫的速度
delayBetweenSlides	以毫秒指定下一張圖片顯示前的時間
hasLinks	指定超連結是否可以存在；「true」為存在
orientation	以「"vertical"」、「"horizontal"」其中一個指定百葉窗的方向

057 圖片自動滑入顯示

外掛套件名稱	blueimp Gallery
外掛套件版本	2.15.2
URL	http://blueimp.github.io/Gallery/

本單元要介紹的是能讓圖片自動滑入顯示的外掛套件。

●HTML 語法（index.html）

```
<!DOCTYPE html>
<html>
  <head>
    <meta charset="utf-8">
    <title>Sample</title>
    <link rel="stylesheet" href="css/blueimp-gallery.min.css">
    <script src="http://ajax.googleapis.com/ajax/libs/jquery/2.1.1/jquery.min.js">
        </script>
    <script src="js/jquery.blueimp-gallery.min.js"></script>
    <script src="js/sample.js"></script>
  </head>
  <body>
    <h1>滑入顯示</h1>
      <div id="blueimp-gallery" class="blueimp-gallery" data-start-slideshow="true">
        <div class="slides"></div>
        <h3 class="title"></h3>
        <a class="prev"> </a>
        <a class="next"> </a>
        <a class="close">×</a>
        <a class="play-pause"></a>
        <ol class="indicator"></ol>
      </div>
      <div id="links">
        <a href="images/1.jpg" title="松本城" data-gallery><img src="images/1.jpg" ↵
        width= "38" height="21"></a>
        <a href="images/2.jpg" title="芒草" data-gallery><img src="images/2.jpg" ↵
        width="38" height="21"></a>
        <a href="images/3.jpg" title="白絲瀑布" data-gallery><img src="images/3.jpg" ↵
        width="38" height="21"></a>
        <a href="images/4.jpg" title="奧木曾湖" data-gallery><img src="images/4.jpg" ↵
        width="38" height="21"></a>
        <a href="images/5.jpg" title="螢袋" data-gallery><img src="images/5.jpg" ↵
        width="38" height="21"></a>
      </div>
  </body>
</html>
```

●**JavaScript語法（sample.js）**

```
$(function(){
  // 以位於ID名稱links中的a元素為對象
  blueimp.Gallery($("#links a"), {
    // 指定容器
    container: "#blueimp-image-carousel"
  });
});
```

圖片可任意點選。

點選的圖片將於畫面中央放大。

點選圖片將出現導覽按鈕。要回到原始的狀態，可以點選圖片外側。

ONEPOINT 可讓圖片滑入顯示的外掛套件「blueimp Gallery」

「blueimp Gallery」是可讓圖片滑入顯示的外掛套件。預設是沒有jQuery也能執行函式庫檔與支援jQuery的函式庫檔。這次的範例使用了支援jQuery的函式庫檔。

blueimp Gallery可分成包含導覽列的「div」元素與包含圖片的「div」元素。包含導覽列的「div」元素具有下列的構造。此外，若想要讓圖片自動滑入顯示，可以將「data-start-slideshow="true"」指定給「div」元素。

```
<div id="blueimp-gallery" class ="blueimp-gallery">
  <div class="slides"></div>
  <h3 class="title"></h3>
  <a class="prev"></a>
  <a class="next"></a>
  <a class="close"></a>
  <a class="play-pause"></a>
  <a class="indicator"></a>
</div>
```

顯示圖片的「div」元素具有下列的構造。

```
<div id="links">
  列舉圖片的img元素
</div>
```

HTML元素的定義完成後，可以依照下列語法撰寫指令，就能執行圖片滑入處理。可以在轉盤模式下執行。

```
blueimp.Gallery($("#links a"), {
  container: "#blueimp-image-carousel"
});
```

blueimp Gallery外掛套件擁有許多選項，主要的選項如下列表格所示。

■ **可指定的選項**

選項	說明
container	代表相簿小工具的元素的ID；預設值為「#blueimp-gallery」
slidesContainer	包含滑入圖片的元素；預設值為「div」元素
titleElement	顯示圖片標題的元素；預設值為「h3」
displayTransition	平滑切換圖片（過場）；預設值為「true」
stretchImages	是否拉長圖片；預設值為「false」
toggleControlsOnReturn	按下「Return」鍵是否顯示導覽控制器（Toogle撥動開關）；預設值為「true」
closeOnEscape	按下「Esc」鍵是否關閉圖片顯示；預設值為「true」，代表關閉
carousel	是否切換為轉盤模式；預設值為「false」，代表正常模式
continuous	播放至結尾處是否從開頭處重新播放；預設值為「false」，代表不重播
startSlideshow	幻燈片是否自動播放；預設值為「false」，代表不自動播放
slideshowInterval	在幻燈片播放模式下，切換至下一張圖片前的時間，以毫秒指定；預設值為「5000msec」
transitionSpeed	圖片切換轉場速度；預設值為「400msec」
onopen	相簿顯示時呼叫的事件處理器
onclose	相簿關閉時呼叫的事件處理器

058 智慧型手機亦可使用的滑動式幻燈片播放模式

外掛套件名稱	bxslider
外掛套件版本	4.1.2
URL	http://bxslider.com/

本單元要介紹的是在智慧型手機亦可使用的滑動式幻燈片播放模式。

●HTML語法（index.html）

```
<!DOCTYPE html>
<html>
  <head>
    <meta charset="utf-8">
    <title>Sample</title>
    <link rel="stylesheet" href="css/jquery.bxslider.css">
    <style>
      #slide { width: 480px; }
    </style>
    <script src="http://ajax.googleapis.com/ajax/libs/jquery/2.1.1/jquery.min.js">
        </script>
    <script src="js/jquery.bxslider.min.js"></script>
    <script src="js/sample.js"></script>
  </head>
  <body>
    <h1>幻燈片播放</h1>
    <div id="slide">
      <ul class="bxslider">
        <li><img src="images/1.jpg" alt="松本城"></li>
        <li><img src="images/2.jpg" alt="芒草"></li>
        <li><img src="images/3.jpg" alt="白絲瀑布"></li>
        <li><img src="images/4.jpg" alt="奧木曾湖"></li>
      </ul>
    </div>
  </body>
</html>
```

●JavaScript語法（sample.js）

```
$(function(){
  // 以CSS類別為bxslider的元素為對象
  $(".bxslider").bxSlider({
    // 自動播放
    auto: true,
    // 顯示Start/Stop的控制器
    autoControls: true,
```

bxslider

```
    // 指定自動播放的畫面顯示時間
    pause : 4000
  });
});
```

頁面匯入後，將自動播放幻燈片。

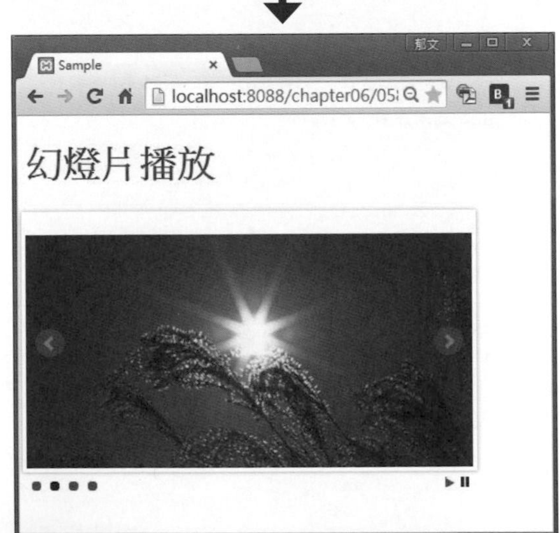

ONEPOINT　智慧型手機亦可使用的幻燈片外掛套件「bxsilder」

「bxsilder」是智慧型手機亦可使用的幻燈片外掛套件。使用之前，必須先使用HTML的「ul」元素，並且在列表項目中利用「img」元素指定圖片。

HTML的設定完成之後，可以在指令檔中對顯示幻燈片的「ul」元素呼叫「bxSlider()」方法。「bxSlider()」方法預設了許多選項，主要的選項如下列的表格所示。

■ 主要的選項

選項	說明
mode	指定顯示模式；可利用「"horizontal"」、「"vertical"」、「"fade"」其中一個字串指定
speed	以毫秒指定圖片切換時間
randomStart	第一張顯示的圖片是否隨機指定；「true」代表隨機顯示
infiniteLoop	是否無限循環播放幻燈片；「true」為無限循環
easing	指定切換時的動作，需要匯入jQuery Easing外掛套件；參數可指定為「"linear"」、「"ease"」這類jQuery Easing指定的參數
captions	是否顯示圖片說明；「true」代表顯示
video	幻燈片顯示的項目中是否包含影片；若包含則需匯入「jquery.fitvids.js」檔
responsive	是否自動調整圖片的大小（回應式調整）
touchEnabled	是否可觸控；「true」為可觸控
controls	是否顯示控制器；「true」為顯示
nextText	指定代表下一張圖片的控制器的字串；預設值為「"next"」
prevText	指定代表上一張圖片的控制器的字串；預設值為「"prev"」
autoControls	指定是否顯示Start/Stop控制器；「true」代表顯示
auto	是否自動播放；「true」代表自動播放
pause	以毫秒指定圖片的顯示時間
autoDriection	圖片滑動方向；可利用「"next"」或「"prev"」其中一個字串指定

059 以群組為單位播放幻燈片

外掛套件名稱	Colorbox
外掛套件版本	1.5.14
URL	http://www.jacklmoore.com/colorbox/

本單元要介紹的是以群組為單位播放幻燈片的外掛套件。

●HTML語法（index.html）

```
<!DOCTYPE html>
<html>
  <head>
    <meta charset="utf-8">
    <title>Sample</title>
    <link rel="stylesheet" href="css/colorbox.css">
    <script src="http://ajax.googleapis.com/ajax/libs/jquery/2.1.1/jquery.min.js">
        </script>
    <script src="js/jquery.colorbox-min.js"></script>
    <script src="js/jquery.colorbox-tw.js"></script>
    <script src="js/sample.js"></script>
  </head>
  <body>
    <h1>以群組為單位播放幻燈片</h1>
    <ul>
      <li><a href="images/1.jpg" class="myPhoto">松本城</a></li>
      <li><a href="images/2.jpg" class="myPhoto">芒草</a></li>
    </ul>
    <ul>
      <li><a href="images/3.jpg" class="myGroup1">白絲瀑布</a></li>
      <li><a href="images/4.jpg" class="myGroup1">奧木曾湖</a></li>
      <li><a href="images/5.jpg" class="myGroup1">螢袋</a></li>
    </ul>
    <ul>
      <li><a href="images/6.jpg" class="myGroup2">木曾大橋</a></li>
      <li><a href="images/7.jpg" class="myGroup2">福壽草</a></li>
    </ul>
  </body>
</html>
```

●JavaScript語法（sample.js）

```
$(function(){
  // 以myPhoto類別為對象個別顯示
  $('a.myPhoto').colorbox();
  // 以myGroup1類別為對象群組顯示
```

```
  $('a.myGroup1').colorbox({
    rel : "myGroup1"
  });
  // 以myGroup2類別為對象群組顯示
  $('a.myGroup2').colorbox({
    rel : "myGroup2"
  });
});
```

點選第一個連結可以單獨顯示圖片。

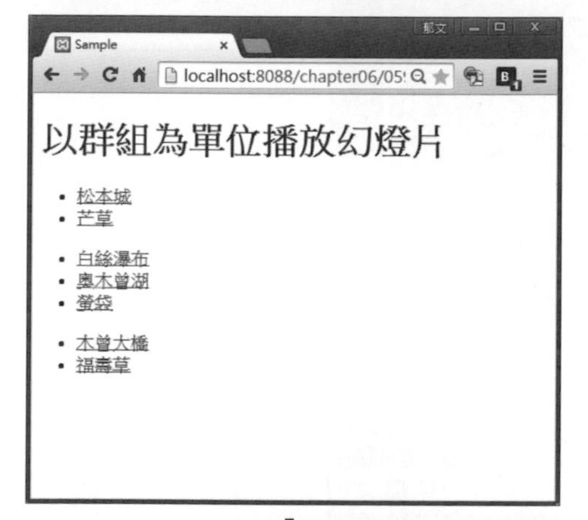

點選第三個連結能以群組為單位顯示圖片，點選箭頭按鈕即可顯示群組內的下一張圖片。

點選第六張圖片可以顯示與前一組群組不同的群組圖片。

ONEPOINT 將圖片整理成群組，再以幻燈片模式播放的外掛套件「Colorbox」

「Colorbox」是可以單張顯示圖片，也能群組顯示圖片的外掛套件。

將圖片的URL指定給「a」元素的「href」屬性後，若想以群組為單位顯示圖片，可以透過「class」屬性指定為Key的樣式名稱。HTML的設定只有「a」元素的設定而已。

HTML的設定完成後，對代表圖片的「a」元素呼叫「colorbox()」方法。此時若未指定「rel」選項，圖片將以單張的方式顯示。假設想要以群組的方式顯示圖片，則可將「class」屬性指定的樣式名稱指定給「rel」選項。

此外，以群組模式顯示圖片時的訊息為英文，若想變更為繁體中文時，可透過「script」元素匯入「jquery.colorbox-tw.js」檔案。Colorbox預設了多語言版本的檔案，可以視情況匯入需要的語言檔。

「colorbox()」方法預設了許多選項，主要的選項如下列表格所示。

■ 主要選項

選項	說明
transition	指定圖片的切換方法；可透過「"elastic"」、「"fade"」、「"none"」其中一個字串指定
speed	以毫秒指定圖片的切換速度
rel	指定以群組顯示圖片的群組名稱
opacity	指定覆蓋層的不透明度，可於「0.0」～「1.0」的範圍指定
overlayClose	點選覆蓋層是否回復原本的狀態；「true」代表回復
escKey	按下「Esc」鍵是否回復原本狀態；「true」代表回復
loop	以群組方式播放時，播放至最後一張圖片後是否回到第一張繼續播放
fadeOut	以毫秒指定圖片淡出的速度
closeButton	是否顯示關閉按鈕；「true」代表顯示

060 可進階設定的幻燈片播放

外掛套件名稱	Fancybox2
外掛套件版本	2.1.5
URL	http://fancybox.net

本單元要介紹的是可進階設定的幻燈片播放外掛套件。

●**HTML語法（index.html）**

```
<!DOCTYPE html>
<html>
  <head>
    <meta charset="utf-8">
    <title>Sample</title>
    <link rel="stylesheet" href="css/jquery.fancybox.css">
    <script src="http://ajax.googleapis.com/ajax/libs/jquery/2.1.1/jquery.min.js">
        </script>
    <script src="js/jquery.fancybox.pack.js"></script>
    <script src="js/sample.js"></script>
  </head>
  <body>
    <h1>幻燈片播放</h1>
    <ul>
      <li><a href="images/1.jpg" class="fancybox" rel="gallery1" ↵
      title="松本城">松本城</a></li>
      <li><a href="images/2.jpg" class="fancybox" rel="gallery1" ↵
      title="すすき">芒草</a></li>
      <li><a href="images/3.jpg" class="fancybox" rel="gallery1" ↵
      title="白絲瀑布">白絲瀑布</a></li>
      <li><a href="images/4.jpg" class="fancybox" rel="gallery1" ↵
      title="奧木曽湖">奧木曽湖</a></li>
    </ul>
  </body>
</html>
```

●**JavaScript語法（sample.js）**

```
$(function(){
  // 以CSS類別為fancybox的元素為對象
  $(".fancybox").fancybox({
    // 自動播放
    autoPlay : true,
    // 循環播放
    loop : true,
```

```
      // 進階設定
      helpers    : {
        // 設定圖片說明的位置
        title  : { type : "float" }
      }
    });
  });
```

點選連結。

幻燈片將開始播放，圖片也將自動切換至下一張。

當滑鼠移入圖片時將顯示箭頭按鈕。點選箭頭按鈕或是點選圖片兩側，將會顯示前後張的圖片。

ONEPOINT　能進階設定的幻燈片播放外掛套件「Fancybox2」

能以幻燈片模式播放圖片的外掛套件雖然多，但是Fancybox2則是能夠設定進階播放方式。在使用之前，必須先將圖片的URL與說明指定給HTML的「a」元素。圖片說明的內容可指定給「title」屬性。此外，若要以群組方式統一處理圖片，可以將「a」元素的「rel」屬性指定為群組名稱的字串。

HTML的設定完成後，即可對代表圖片的「a」元素呼叫「fancybox()」方法。不需要額外指定選項也可以正常執行。

「fancybox()」方法的選項非常多，主要的選項如下列表格所示。

■ 主要選項

選項	說明
padding	指定留白（內距）
margin	指定留白（外距）
modal	是否設定為強制回應模式；「true」為強制回應
cyclic	是否從第一張播放到最後一張圖片，再從最後一張回到第一張
scrolling	捲動列的顯示設定；設定「overflow」的CSS屬性值（「auto」、「yes」、「no」）

選項	說明
width	設定寬度
height	設定高度
minWidth	設定最小寬度
minHeight	設定最小高度
maxWidth	設定最大寬度
maxHeight	設定最大高度
autoScale	是否自動調整圖片尺寸
overlayShow	是否顯示覆蓋層的部分；「true」為顯示
overlayOpacity	指定覆蓋層的不透明度，可指定於「0.0」～「1.0」的範圍之間
overlayColor	指定覆蓋層的顏色
titleShow	是否顯示標題（圖片說明）
titlePosition	指定標題的顯示位置；可透過「"outside"」、「"inside"」、「"over"」其中一個字串指定
transitionIn	指定圖片顯示時的切換方法（轉場）；可透過「"elastic"」、「"fade"」、「"none」其中一個字串指定
transitionOut	指定圖片消失時的切換方法（轉場）；可透過「"elastic"」、「"fade"」、「"none」其中一個字串指定
speedIn	以毫秒指定圖片顯示時的切換速度
speedOut	以毫秒指定圖片消失時的切換速度
showCloseButton	是否顯示關閉按鈕（×按鈕）
showNavArrows	是否顯示導覽列的箭頭
onStart	指定開始播放時呼叫的Callback函數
onClosed	指定結束播放時呼叫的Callback函數
helpers	指定覆蓋層或標題的進階設定／處理

061 能以各種方式播放圖片的幻燈片

外掛套件名稱	FlexSlider
外掛套件版本	2.2.2
URL	http://www.woothemes.com/flexslider/

本單元要介紹的是能以各種方式播放圖片的幻燈片外掛套件。

●HTML語法（index.html）

```
<!DOCTYPE html>
<html>
  <head>
    <meta charset="utf-8">
    <title>Sample</title>
    <link rel="stylesheet" href="css/flexslider.css">
    <style>
      .flexslider { width : 576px; }
    </style>
    <script src="http://ajax.googleapis.com/ajax/libs/jquery/2.1.1/jquery.min.js">
        </script>
    <script src="js/jquery.flexslider-min.js"></script>
    <script src="js/sample.js"></script>
  </head>
  <body>
    <h1>幻燈片播放</h1>
  <div class="flexslider">
    <ul class="slides">
      <li><img src="images/1.jpg" width="192" height="108"></li>
      <li><img src="images/2.jpg" width="192" height="108"></li>
      <li><img src="images/3.jpg" width="192" height="108"></li>
      <li><img src="images/4.jpg" width="192" height="108"></li>
      <li><img src="images/5.jpg" width="192" height="108"></li>
      <li><img src="images/6.jpg" width="192" height="108"></li>
      <li><img src="images/7.jpg" width="192" height="108"></li>
      <li><img src="images/8.jpg" width="192" height="108"></li>
      <li><img src="images/9.jpg" width="192" height="108"></li>
    </ul>
  </div>
  </body>
</html>
```

●**JavaScript語法（sample.js）**

```
$(window).load(function(){
  $(".flexslider").flexslider({
    // 動畫方式
    animation : "slide",
    // 循環播放幻燈片
    animationLoop : true,
    // 一張圖片的寬度
    itemWidth : 192,
    // 最小顯示張數
    minItems : 3,
    // 最大顯示張數
    maxItems: 6
  });
});
```

頁面開啟後將自動顯示三張圖片，並於固定時間內滑動切換。

當滑鼠移入圖片時，左右兩側將顯示導覽列，可以用來顯示前後張的圖片。此外，點選圖片下方的●，也能顯示對應的圖片。

ONEPOINT 預設各種顯示格式的幻燈片播放程式「FlexSilder」

FlexSlider是一套能以各種格式顯示圖片的外掛套件。這套外掛套件的功能非常多，除了能夠顯示圖片，還能夠播放影片。FlexSlider除了能逐張讓圖片滑動，還能一次讓多張圖片滑動。

要透FlexSlider顯示圖片之前，必須先以下列構造撰寫HTML的內容。

```
<div class="flexslider">
  <ul class="slides">
    <li><img src="slide1.jpg"></li>
    <li><img src="slide2.jpg"></li>
      :
    依圖片的數量列舉

  </ul>
</div>
```

後續在指令檔中設定「$(".flexslider").flexslider()，即可滑動顯示圖片。是否自動播放、一次顯示幾張、是否需要顯示縮圖，都可以透過「flexslider()」方法的選項指定。

「flexslider()」方法可指定的主要選項如下列的表格所示。

■ 可指定的選項

選項	說明
animation	以「"fade"」或「"slide"」的字串指定動畫種類
easing	指定動作種類；可指定為jQuery Easing Plugin可使用的字串
direction	指定滑動方向；可指定為「"horizontal"」、「"vertical"」其中一個字串
reverse	是否逆向播放動畫；預設值為「false」，代表不逆向播放

選項	說明
animationLoop	指定是否循環播放動畫的旗標
startAt	指定第一張顯示的圖片的索引編號；「0」為顯示第一張
slideshow	是否自動播放幻燈片
slideshowSpeed	以毫秒指定幻燈片播放速度
animationSpeed	以毫秒指定動畫播放速度
randomize	是否隨機調整幻燈片的播放順序
touch	是否啟用觸控操作
controlNav	是否啟用導覽列
prevText	指定往前一張圖片移動的字串
nextText	指定往下一張圖片移動的字串
keyboard	是否啟用鍵盤導覽列
itemWidth	指定圖片的寬度
minItems	指定最小顯示張數
maxItems	指定最大顯示張數
start	指定幻燈片開始播放時的Callback函數
end	指定幻燈片結束播放時的Callback函數

MEMO

062 以拖曳／觸控操作讓圖片滑動播放

外掛套件名稱	Fotorama
外掛套件版本	4.6.2
URL	http://plugins.jquery.com/fotorama/

本單元要介紹的是以拖曳／觸控操作讓圖片滑動播放的外掛套件。

●SAMPLEE CODE：HTML語法（index.html）

```
<!DOCTYPE html>
<html>
  <head>
    <meta charset="utf-8">
    <title>Sample</title>
    <link rel="stylesheet" href="css/fotorama.css">
    <script src="http://ajax.googleapis.com/ajax/libs/jquery/2.1.1/jquery.min.js">
        </script>
    <script src="js/fotorama.js"></script>
  </head>
  <body>
    <h1>幻燈片播放</h1>
    <div class="fotorama">
      <img src="images/1.jpg">
      <img src="images/2.jpg">
      <img src="images/3.jpg">
      <img src="images/4.jpg">
      <img src="images/5.jpg">
    </div>
  </body>
</html>
```

點選或拖曳圖片，就能滑動播放下一張圖片（或前一張圖片）。

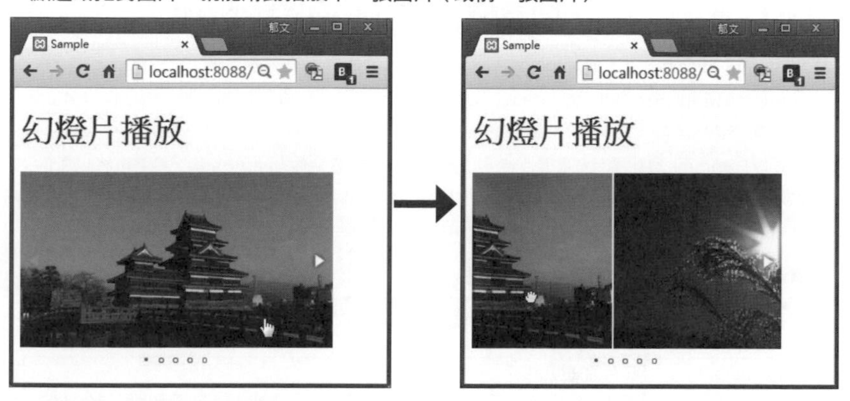

當滑鼠移入照片時，將會在左右兩側顯示箭頭。點選／點擊箭頭即可顯示其他圖片。此外，若是點選／點擊圖片下方的○符號也可以滑動顯示其他圖片。

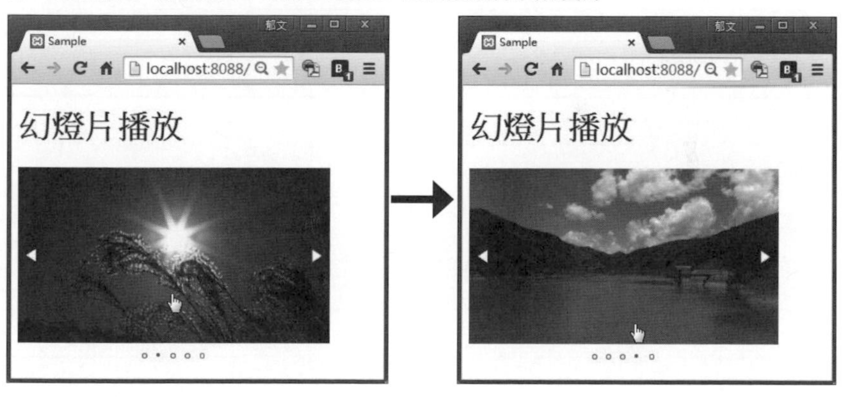

ONEPOINT　支援智慧型手機觸控操作的外掛套件「Fotorama」

「Fotorama」是能滑動顯示多張圖片的外掛套件，同時支援智慧型手機／平板電腦觸控操作。Fotorama使用的是HTML5的「data」元素，所以不需要撰寫指令檔也能使用。此外，4.4.6版不支援Zepto.js。

要以Fotorama滑動顯示多張圖片時，必須以「div」元素括住「img」元素，接著再將此「div」元素的「class」屬性指定為「fotorama」。如此一來，這些圖片就能以滑動方式顯示。圖片的尺寸或長寬比可利用「div」元素的「data」屬性指定。可指定的屬性名稱與內容已整理成下列表格。

■ 可指定的屬性名稱與內容

屬性名稱	說明
data-width	圖片的寬度
data-height	圖片的高度
data-ratio	圖片的長寬比；除了可利用「1.5」這種方式直接指定比例，還可利用「800/600」這種「寬/高」的格式指定
data-minwidth	圖片的最小寬度
data-maxwidth	圖片的最大寬度
data-minheigh	圖片的最小高度
data-maxheight	圖片的最大高度

MEMO

063 依照元素寬度滑動顯示圖片

外掛套件名稱	Full Width Image Slider
外掛套件版本	1.0.0
URL	http://tympanus.net/codrops/2013/02/26/full-width-image-slider/

本單元要介紹的是能依照元素寬度滑動顯示圖片的外掛套件。

●HTML語法（index.html）

```
<!DOCTYPE html>
<html>
  <head>
    <meta charset="utf-8">
    <title>Sample</title>
    <link rel="stylesheet" href="css/component.css">
    <script src="http://ajax.googleapis.com/ajax/libs/jquery/2.1.1/jquery.min.js">
        </script>
    <script src="js/modernizr.custom.js"></script>
    <script src="js/jquery.cbpFWSlider.min.js"></script>
    <script src="js/sample.js"></script>
  </head>
  <body>
    <h1>幻燈片播放</h1>
      <div id="myAlbum" class="cbp-fwslider">
    <ul>
<li><a href="#"><img src="images/1.jpg" width="384" height="216"></a></li>
<li><a href="#"><img src="images/2.jpg" width="384" height="216"></a></li>
<li><a href="#"><img src="images/3.jpg" width="384" height="216"></a></li>
<li><a href="#"><img src="images/4.jpg" width="384" height="216"></a></li>
<li><a href="#"><img src="images/5.jpg" width="384" height="216"></a></li>
    </ul>
  </div>
  </body>
</html>
```

●JavaScript語法（sample.js）

```
$(function(){
  // 滑動顯示位於ID名稱為myAlbum元素內部的圖片
  $("#myAlbum").cbpFWSlider({
    // 指定速度
    speed : 500,
    // 指定播放方式
    easing : "ease"
  });
});
```

開啟頁面將顯示圖片。

點選左右箭頭或是圖片下方導覽列的（●），將可顯示其他圖片。

ONEPOINT　依照元素寬度滑動顯示圖片的外掛套件「Full Width Image Slider」

「Full Width Image Slider」是可依照裝置或元素寬度滑動顯示圖片。可以在列表元素中將要顯示的圖片定義成「img」元素。而列表元素則需要先以「div」元素括起來。

完成HTML元素的定義後，可以對括住列表元素的「div」元素呼叫「cbpFWSlider()」方法。不需要特別指定選項也能夠正常執行。「cbpFWSlider()」方法另有下列表格內的選項可以指定。

■ 可指定的選項

選項	說明
speed	以毫秒指定移動速度
ease	指定播放方式；可於CSS3 Transition指定的「"ease"」、「"linear"」、「"ease-in"」、「"ease-out"」、「"ease-in-out"」其中一個字串指定

此外，Full Width Image Slider在使用之前必須先匯入Modernizr函式庫。

● **Modernizr**

URL http://modernizr.com/

MEMO

064 以磁磚樣式配置幻燈片的縮圖

外掛套件名稱	Galereya
外掛套件版本	0.9.93
URL	http://vodkabears.github.io/galereya/

本單元要介紹的是，能將幻燈片的縮圖配置成磁磚樣式的外掛套件。

●HTML語法（index.html）

```
<!DOCTYPE html>
<html>
  <head>
    <meta charset="utf-8">
    <title>Sample</title>
    <link rel="stylesheet" href="css/jquery.galereya.css">
    <style>
      #myAlbum { margin : 0; padding : 0; top: -60px; }
    </style>
    <script src="http://ajax.googleapis.com/ajax/libs/jquery/2.1.1/jquery.min.js">
        </script>
    <script src="js/jquery.galereya.min.js"></script>
    <script src="js/sample.js"></script>
  </head>
  <body>
    <h1>幻燈片播放</h1>
  <div id="myAlbum">
    <img src="thumb/1.jpg" data-fullsrc="images/1.jpg" data-desc="國寶 松本城">
    <img src="thumb/2.jpg" data-fullsrc="images/2.jpg" data-desc="芒草">
    <img src="thumb/3.jpg" data-fullsrc="images/3.jpg" data-desc="白絲瀑布">
    <img src="thumb/4.jpg" data-fullsrc="images/4.jpg" data-desc="奧木曾湖">
    <img src="thumb/5.jpg" data-fullsrc="images/5.jpg" data-desc="螢袋">
    <img src="thumb/6.jpg" data-fullsrc="images/6.jpg" data-desc="節分草">
    <img src="thumb/7.jpg" data-fullsrc="images/7.jpg" data-desc="桃介橋">
  </div>
  </body>
</html>
```

●JavaScript語法（sample.js）

```
$(function(){
  // 以位於ID名稱為myAlbum元素內的img元素為對象
  $('#myAlbum').galereya({
    // 指定幻燈片的播放時間
    slideShowSpeed : 3000,
```

```
    // 波浪顯示縮圖
    wave: true
  });
});
```

縮圖將排列成磁磚形式。

點選縮圖時，圖片將會從右側滑動至畫面中央顯示。點選左上角的X按鈕即可關閉圖片。若要自動播放幻燈片時，可點選右上角的播放按鈕（▼）。

此外，點選畫面左右兩側，導覽列按鈕將在畫面中顯示，此時可顯示前後張圖片。

ONEPOINT　能將縮圖配置成磁磚樣式的外掛套件「Galereya」

「Galereya」是能將縮圖配置成磁磚樣式的外掛套件。能夠在縮圖的大小不一致時（不管是寬度還是高度），自動將縮圖配置成磁磚樣式。此外，還支援響應式版本，所以能隨著裝置的螢幕尺寸調整縮圖的大小與張數。

■ 圖片的「img」元素可指定下列表格的屬性

屬性	說明
src	縮圖的URL
data-desc	圖片的說明
data-category	圖片的分類
data-fullsrc	實際放大顯示的圖片的URL

要利用Galereya顯示圖片時，必須將圖片的「img」元素以「div」元素括起來，接著對「div」元素呼叫「galereya()」方法。不需特別指定選項即可執行。「galereya()」方法可指定下列表格內的選項。

■ 可指定的主要選項

選項	說明
spacing	指定留白
wave	是否於固定時間將特效套用至縮圖；「true」代表套用
waveTimeout	以毫秒指定縮圖的特效播放時間
slideShowSpeed	以毫秒指定幻燈片的播放速度
cellFadeInSpeed	以毫秒指定淡入速度
load	指定匯入圖片時呼叫的Callback函數
disableSliderOnClick	是否啟用縮圖的點選操作；「true」代表啟用
onCellClick	指定縮圖被點選時呼叫的Callback函數

065 播放附有縮圖的幻燈片

外掛套件名稱	Galleria
外掛套件版本	1.4.2
URL	http://galeria.io/

本單元要介紹的是為幻燈片附上縮圖的外掛套件。

●HTML語法（index.html）

```
<!DOCTYPE html>
<html>
  <head>
    <meta charset="utf-8">
    <title>Sample</title>
    <style>
      .galleria { width : 480px; height: 360px; }
    </style>
    <script src="http://ajax.googleapis.com/ajax/libs/jquery/2.1.1/jquery.min.js">
      </script>
    <script src="js/galleria-1.4.2.min.js"></script>
    <script src="js/sample.js"></script>
  </head>
  <body>
    <h1>附有縮圖的幻燈片</h1>
    <div class="galleria">
      <img src="images/1.jpg">
      <img src="images/2.jpg">
      <img src="images/3.jpg">
      <img src="images/4.jpg">
    </div>
  </body>
</html>
```

●JavaScript語法（sample.js）

```
$(function(){
  // 匯入主題檔案(JS/CSS)
  Galleria.loadTheme("themes/classic/galleria.classic.min.js");
  // 播放幻燈片
  Galleria.run(".galleria", {
    // 自動播放
    autoplay: true,
    // 指定圖片切換效果
    transition : "fadeslide",
```

```
    // 指定第一張圖片的切換效果
    initialTransition : "slide"
  });
});
```

先以全螢幕顯示圖片，再由右至左滑動切換顯示圖片。

Sample
localhost:8088/chapter
附有縮圖的幻燈片

Sample
localhost:8088/chapter
附有縮圖的幻燈片

ONEPOINT　能播放多功能幻燈片的外掛套件「Galleria」

「Galleria」是能播放多功能幻燈片的外掛套件。這套外掛套件與其他程式不同，可以選擇（購買）幻燈片的主題；預設只有一種主題。主題檔案必須在幻燈片播放之前，先以「Galleria.loadTheme(主題的URL)」的方式匯入。

Galleria會將要預先顯示的圖片匯入「div」元素中，接著這個「div」元素必須利用CSS指定尺寸(「width」「height」)。若不在CSS或程式中指定寬度，就會導致程式發生錯誤而無法執行。

接著是執行「Galleria.run()」方法。第一個參數可指定為代表「div」元素的選擇器。第二個參數則屬於選用參數，可以全部省略。

Galleria預設了各種選項，主要的選項如下列表格所示。

■ 可指定的選項

選項	說明
autoplay	是否自動播放；「true」代表自動播放
carousel	是否切換成轉盤模式，「true」代表切換；預設值為「true」
transition	指定圖片切換時的效果；可利用「"fade"」、「"flash"」、「"pulse"」、「"slide"」、「"fadeslide"」其中一個字串指定
initialTransition	指定第一張圖片顯示時的效果，能指定的字串與「transition」相同
width	指定圖片寬度
height	指定圖片高度
easing	指定播放方式（easing）；可指定為「"galleria"」、「"galleriaIn"」、「"galleriaOut"」這些字串

MEMO

066 顯示支援jQuery Mobile的幻燈片播放程式

外掛套件名稱	ImageFlip
外掛套件版本	0.1
URL	http://cflove.org/2012/09/imageflip-jquery-mobile-image-gallery-plugin.cfm

本單元要介紹的是支援jQuery Mobile的幻燈片播放程式。

●HTML語法(index.html)

```
<!DOCTYPE html>
<html>
  <head>
    <meta charset="utf-8">
    <meta name="viewport" content="width=device-width, initial-scale=1">
    <title>Sample</title>
    <link rel="stylesheet" href="http://code.jquery.com/mobile/1.2.1/ ↵
       jquery.mobile-1.2.1.min.css">
    <style>
      #myAlbum { list-style:none; }
      #myAlbum li { list-style:none; float:left; }
      #imageflippage { background-color:#000; margin:0px; padding:0px; border:none; ↵
      height:100%; width:100%; }
      #tadcontent { padding:0px; margin:0px; position:relative; background:#000; ↵
        height:100%; width:100%; }
      #imageflipimg { vertical-align:middle; height:100%; width:100%; z-index:98; ↵
        background-position:center; background-size:contain; text-align:center; ↵
        background-repeat:no-repeat; }
      #imagefliper { width:100%; top:45px; bottom:0px; position:absolute; ↵
        z-index:99; } #tadnavi { position:fixed; top:0px; z-index:100; width:100%; ↵
        opacity:0.7; display:none; }
      #tadinfo { position:fixed; display:none; bottom:0px; width:100%; ↵
        padding:5px; background-color:#333333; opacity:0.7; color:#FFFFFF; ↵
        text-align:center; font-size:small; font-family:Verdana, Geneva, sans-serif; }
    </style>
    <script src="http://ajax.googleapis.com/ajax/libs/jquery/2.1.1/jquery.min.js">
       </script>
    <script src="http://code.jquery.com/jquery-migrate-1.2.1.min.js"></script>
    <script src="http://code.jquery.com/mobile/1.2.1/jquery.mobile-1.2.1.min.js">
       </script>
    <script src="js/imageflip.mini.js"></script>
    <script src="js/sample.js"></script>
  </head>
  <body>
```

```
    <div data-role="page" id="home" data-theme="c" data-title="imageFlip Demo">
      <div data-role="header" data-theme="d" id="header">
        <h1>點選或點擊即可顯示圖片</h1>
        </div>
        <div data-role="content" id="content">
        <div class="content-primary">
          <ul id="myAlbum">
            <li><a href="images/1.jpg"><img src="thumb/1.jpg"></a></li>
            <li><a href="images/2.jpg"><img src="thumb/2.jpg"></a></li>
            <li><a href="images/3.jpg"><img src="thumb/3.jpg"></a></li>
            <li><a href="images/4.jpg"><img src="thumb/4.jpg"></a></li>
            <li><a href="images/5.jpg"><img src="thumb/5.jpg"></a></li>
            <li><a href="images/6.jpg"><img src="thumb/6.jpg"></a></li>
            <li><a href="images/7.jpg"><img src="thumb/7.jpg"></a></li>
          </ul>
        </div>
      </div>
    </div>
  </body>
</html>
```


●**JavaScript語法（sample.js）**

```
// 頁面初始化時執行處理
$(document).delegate("#home", "pageinit", function() {
  // 以位於ID名稱為myAlbum元素內部的a元素為對象
  $("#myAlbum").imageflip();
});
```

點選縮圖。

點選的圖片將放大填滿視窗尺寸。

在視窗內點選（或點擊）畫面上方將顯示導覽列，此時可顯示前後張圖片或是關閉目前圖片，回到原始狀態。

ONEPOINT　支援jQuery Mobile的幻燈片播放外掛套件「ImageFlip」

「ImageFlip」是支援jQuery Mobile的幻燈片播放外掛套件。使用之前必須先建立列表，接著將「a」元素定義成列表項目，並且將圖片的URL指定給「a」元素的「href」屬性。此外，可以在樣式表指定播放時的背景色與導覽列位置。

完成HTML的設定後，可以對要播放的元素呼叫「imageflip()」方法。這個方法並無其他選項。

此外，ImageFlip只支援jQuery Mobile 1.2.1之前的版本，若要支援後續的版本，請將函式庫中的「live()」方法改寫成「on()」方法。

067 將背景圖片重疊於圖片下方，並且讓圖片自動滑動顯示

外掛套件名稱	Immersive Slider
外掛套件版本	1.0
URL	https://github.com/peachananr/immersive-slider

本單元要介紹的是將背景圖片重疊於圖片下方，並且讓圖片自動滑動顯示的外掛套件。

●HTML語法（index.html）

```
<!DOCTYPE html>
<html>
  <head>
    <meta charset="utf-8">
    <title>Sample</title>
    <link rel="stylesheet" href="css/immersive-slider.css">
    <style>
      .main { width: 580px; height: 320px; }
      .immersive_slider { height: 320px; }
      .caption { color : white; }
    </style>
    <script src="http://ajax.googleapis.com/ajax/libs/jquery/2.1.1/jquery.min.js">
        </script>
    <script src="js/jquery.immersive-slider.min.js"></script>
    <script src="js/sample.js"></script>
  </head>
  <body>
    <h1>有背景圖片的滑動顯示</h1>
  <div class="main">
    <div id="immersive_slider">
      <div class="slide" data-blurred="images/1.jpg"><img src="images/1.jpg"> ⏎
        <div class="caption">松本城</div></div>
      <div class="slide" data-blurred="images/2.jpg"><img src="images/2.jpg"> ⏎
        <div class="caption">芒草</div></div>
      <div class="slide" data-blurred="images/3.jpg"><img src="images/3.jpg"> ⏎
        <div class="caption">白絲瀑布</div></div>
      <div class="slide" data-blurred="images/4.jpg"><img src="images/4.jpg"> ⏎
        <div class="caption">奧木曾湖</div></div>
      <div class="slide" data-blurred="images/5.jpg"><img src="images/5.jpg"> ⏎
        <div class="caption">螢　袋</div></div>
      <a href="#" class="is-prev">&laquo;</a>
        <a href="#" class="is-next">&raquo;</a>
    </div>
  </div>
  </body>
</html>
```

●**JavaScript語法（sample.js）**

```
$(function(){
  // 以位於ID名稱immersive_slider內的div元素為對象
  $("#immersive_slider").immersive_slider({
    // 指定滑動方式
    animation : "bounce",
    // 指定代表滑動元素的選擇器
    slideSelector : ".slide",
    // 指定包含整體元素的元素
    container : ".main",
    // 不套用CSS的模糊效果
    cssBlur : false,
    // 在圖片下層顯示頁面
    pagination : true,
    // 循環播放
    loop : true,
    // 指定自動播放之前的時間
    autoStart : 5000
  });
});
```

在模糊的背景圖片上顯示圖片，經過幾秒之後將自動滑動切換圖片。

點選圖片下方的導覽列（○符號）即可顯示任何圖片。

ONEPOINT 附有背景圖片並且能讓圖片滑動顯示的外掛套件「Immersive Slider」

「Immersive Slider」是附有背景圖片並且能讓圖片滑動顯示的外掛套件。可將要套用模糊效果的背景圖片指定給「div」元素的「data-blurred」屬性。「div」元素內則可指定圖片的「img」元素與顯示圖片說明的元素。此外，若是要附加導覽列時，可以將「class="is-prev"」或「class="is-next"」指定給「a」元素。

對括住圖片與整個導覽列的「div」元素執行「immersive_slider()」方法，即可執行這套外掛套件，不需要另外指定任何選項也能指定細節選項。可指定的選項如下列表格所示。

■ 可指定的選項

選項	說明
animation	指定滑動方式；預設值為「"bounce"」，可指定加／減速處理可使用的名稱指定；若使用的是舊版瀏覽器，有可能無法正常使用這個選項，只能套用單純的線性滑動
slideeSelector	指定要滑動的「div」元素，通常指定為CSS類別名稱
container	指定括住所有滑動圖片的元素
cssBlur	是否啟用CSS的模糊效果；「true」為啟用，「false」為取消
pagination	是否在圖片下方顯示代表頁面的導覽列；「true」代表顯示，「false」代表隱藏
loop	指定是否循環播放；「true」代表循環播放，「false」代表不循環播放
autoStart	以毫秒指定自動播放前的時間

MEMO

068 讓圖片平順地滑動（轉盤模式）

外掛套件名稱	jCarousel
外掛套件版本	0.3.1
URL	http://plugins.jquery.com/jcarousel/

本單元要介紹的是讓圖片平順地滑動（旋盤模式）的外掛套件。

●HTML語法（index.html）

```
<!DOCTYPE html>
<html>
  <head>
    <meta charset="utf-8">
    <title>Sample</title>
    <link rel="stylesheet" href="css/jcarousel.simple.css">
    <script src="http://ajax.googleapis.com/ajax/libs/jquery/2.0.3/jquery.min.js">
      </script>
    <script src="js/jquery.jcarousel.min.js"></script>
    <script src="js/sample.js"></script>
  </head>
  <body>
    <h1>轉盤模式</h1>
      <div class="carousel">
        <ul>
          <li><img src="images/1.jpg" width="384" height="216"></li>
          <li><img src="images/2.jpg" width="384" height="216"></li>
          <li><img src="images/3.jpg" width="384" height="216"></li>
          <li><img src="images/4.jpg" width="384" height="216"></li>
          <li><img src="images/5.jpg" width="384" height="216"></li>
        </ul>
      </div>
      <a data-jcarousel-control="true" data-target="-=1" href="#">[往前一張圖片]</a>
      <a data-jcarousel-control="true" data-target="+=1" href="#">[往下一張圖片]</a>
  </body>
</html>
```

●JavaScript語法（sample.js）

```
$(function() {
  // 處理擁有carousel類別的div元素內的圖片
  $(".carousel").jcarousel();
  // 控制按鈕的處理
  $("[data-jcarousel-control]").each(function() {
    var el = $(this);
    el.jcarouselControl(el.data());
  });
});
```

點選「往下一張圖片」，下一張圖片將從側邊滑入。

點選「往前一張圖片」，前一張圖片將從側邊滑入。

ONEPOINT　能套用轉盤模式的外掛套件「jCarousel」

「jCarousel」是能讓多張圖片平順地從側邊滑入（旋轉模式）的外掛套件。從簡單的滑動顯示，到使用非同步傳輸的處理都能夠支援。只要設定選項，就可以循環滑動顯示多張圖片。

要使用jCarousel之前，必須先利用列表元素(「ul」元素、「li」元素)指定圖片。接著建立括住所有列表元素的「div」元素，再對該「div」元素呼叫「jcarousel()」方法。不需特別指定選項也能執行。jCarousel可使用的選項在下列的表格內。

■ 可指定的選項

選項	說明
vertical	是否讓圖片垂直滑動；「true」為垂直，「false」為水平；預設值為「false」
rtl	由右至左繪圖模式；預設值為「false」代表由左至右繪圖
start	第一張圖片的編號；預設值為「1」，代表最初的圖片
offset	在最初的時間點內有效圖片的編號；預設值為「1」
size	圖片的總數；使用「ul」元素時不需要指定此選項
scroll	滑動的圖片數
visible	顯示寬度的限制
animation	動畫速度
easing	指定滑動方式（easing）
auto	是否在經過一定時間之後自動讓圖片滑動；能以秒為單位指定
wrap	顯示到最後一張圖片時，是否重新播放；可指定為「"first"」、「"last"」、「"both"」、「"circular"」其中一個字串
initCallback	指定在初始化時呼叫的Callback函數
setupCallback	指定設定時呼叫的Callback函數
itemLoadCallback	指定圖片匯入時呼叫的Callback函數
itemFirstInCallback	指定第一張圖片執行動畫時呼叫的Callback函數，可指定為「onBeforeAnimation」或「onAfterAnimation」
itemFirstOutCallback	指定第一張圖片執行動畫之後呼叫的Callback函數，可指定為「onBeforeAnimation」或「onAfterAnimation」
itemFirstInCallback	指定最後一張圖片執行動畫時呼叫的Callback函數，可指定為「onBeforeAnimation」或「onAfterAnimation」
itemFirstOutCallback	指定最後一張圖片執行動畫時呼叫的Callback函數，可指定為「onBeforeAnimation」或「onAfterAnimation」
itemVisibleOutCallback	指定圖片顯示時呼叫的Callback函數。可指定為「onBeforeAnimation」或「onAfterAnimation」
animationStepCallback	指定執行動畫時呼叫的Callback函數
buttonNextCallback	顯示下一張圖片的按鈕被點選時呼叫的Callback函數
buttonPrevCallback	顯示上一張圖片的按鈕被點選時呼叫的Callback函數
buttonNextHTML	指定要指派給下一張圖片按鈕的HTML
buttonPrevHTML	指定要指派給上一張圖片按鈕的HTML
buttonNextEvent	指定要指派給下一張圖片按鈕的事件
buttonPrevEvent	指定要指派給上一張圖片按鈕的事件
itemFallbackDimension	指定無法取得圖片的寬度時的寬度

069 使用自訂遮罩的滑動顯示

外掛套件名稱	Juicy Slider
外掛套件版本	1.1.1
URL	http://juicyslider.gopagoda.com/

本單元要介紹的是使用自訂遮罩的滑動顯示外掛套件。

●HTML語法（index.html）

```
<!DOCTYPE html>
<html>
  <head>
    <meta charset="utf-8">
    <title>Sample</title>
    <link rel="stylesheet" href="css/juicyslider-min.css">
    <script src="http://ajax.googleapis.com/ajax/libs/jquery/2.1.1/jquery.min.js">
      </script>
    <script src="http://ajax.googleapis.com/ajax/libs/jqueryui/1.11.2/ ⏎
      jquery-ui.min.js"></script>
    <script src="js/juicyslider-min.js"></script>
    <script src="js/sample.js"></script>
  </head>
  <body>
    <h1>滑動顯示</h1>
    <div id="myAlbum" class="juicyslider">
      <ul>
        <li><img src="images/1.jpg" width="384" height="216"></li>
        <li><img src="images/2.jpg" width="384" height="216"></li>
        <li><img src="images/3.jpg" width="384" height="216"></li>
        <li><img src="images/4.jpg" width="384" height="216"></li>
        <li><img src="images/5.jpg" width="384" height="216"></li>
      </ul>
      <div class="nav next"></div>
      <div class="nav prev"></div>
      <div class="mask"></div>
    </div>
  </body>
</html>

JavaScript程式碼(sample.js)
$(function(){
  // 滑動顯示ID名稱為myAlbum內的圖片
  $("#myAlbum").juicyslider({
    // 指定圖片自動播放的時間
    autoplay : 3000,
```

```
    // 指定寬度：將width, height指定為null時，將以全螢幕模式顯示
    width: 384,
    height : 216,
    // 指定遮罩圖片
    mask: "raster"
  });
});
```

開啟瀏覽器就會顯示圖片。圖片將會每3秒自動切換。

當滑鼠移入圖片時，導覽列按鈕將自動顯示。點選按鈕將可顯示前後張圖片。

Juicy Slider

套用遮罩時，圖片就會在文字中滑動顯示。

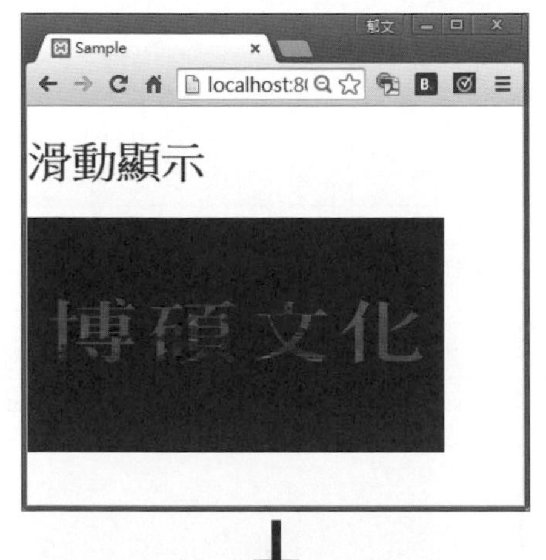

ONEPOINT 支援響應式設計並且可使用自訂遮罩圖片的外掛套件「Juicy Slider」

「Juicy Slider」是支援響應式設計並且可使用自訂遮罩圖片的外掛套件。要使用自訂的遮罩圖片時，必須先準備擁有透明層資訊的PNG格式遮罩圖片。

要利用Juicy Slider顯示圖片時，可將代表圖片的「img」元素定義為列表項目。此外，這個列表元素必須先以「div」元素括住。若希望顯示導覽列按鈕時，請利用下列的語法指定「div」元素與對應的CSS類別名稱。

```
<div class="nav next"></div>
<div class="nav prev"></div>
```

若要將遮罩圖片重疊在顯示圖片上時，可利用下列語法建立「div」元素。

```
<div class="mask"></div>
```

完成HTML元素的定義之後，對括住列表元素的「div」元素呼叫「juicyslider()」方法即可。不需特別指定選項也能執行。「juicyslider()」方法可指定下列表格內的選項。

■ 可指定的選項

選項	說明
mode	指定顯示模式；可指定為「"cover"」、「"contain"」其中之一的字串
width	指定寬度；指定為「Null」將以元素100%的寬度顯示
height	指定高度；指定為「Null」將以元素100%的高度顯示
mask	指定遮罩圖片的檔案名稱；若自訂遮罩圖片的檔案名稱為「cr.png」，則可指定為「"cr"」，而此時「cr.png」將做為遮罩圖片顯示
bgcolor	指定背景色
autoplay	以毫秒指定是否自動播放；「0」為不自動播放，若指定為其他數值代表設定顯示的時間
shuffle	指定是否隨機顯示圖片
show	指定圖片滑動顯示時傳遞給jQuery UI的特效參數；預設值為「{effect:'fade', duration: 1500}」
hide	指定圖片滑動隱藏時傳遞給jQuery UI的特效參數；預設值為「{effect:'fade', duration: 1500}」

070 不需指令檔讓圖片滑動顯示

外掛套件名稱	Lightbox 2
外掛套件版本	2.7.1
URL	http://lokeshdhakar.com/projects/lightbox2/

本單元要介紹的是不需指令檔就能讓圖片滑動顯示的外掛套件。

●HTML 語法（index.html）

```
<!DOCTYPE html>
<html>
  <head>
    <meta charset="utf-8">
    <title>Sample</title>
    <link rel="stylesheet" href="css/lightbox.css">
    <script src="http://ajax.googleapis.com/ajax/libs/jquery/2.1.1/jquery.min.js">
        </script>
    <script src="js/lightbox.min.js"></script>
  </head>
  <body>
    <h1>不需指令檔讓圖片滑動顯示</h1>
    <ul id="photos">
      <li><a href="images/1.jpg" data-lightbox="myAlbum" title= ↵
        "國寶　松本城">松本城</a></li>
      <li><a href="images/2.jpg" data-lightbox="myAlbum" title="芒草">芒草</a></li>
      <li><a href="images/3.jpg" data-lightbox="myAlbum" title= ↵
        "長野縣　白絲瀑布">白絲瀑布</a></li>
      <li><a href="images/4.jpg" data-lightbox="myAlbum" title= ↵
        "長野縣　奧木曾湖">奧木曾湖</a></li>
    </ul>
  </body>
</html>
```

點選連結將顯示圖片。

點選圖片將切換成另一張圖片。點選圖片外圍則回到原始狀態。

ONEPOINT　不需指令檔就能讓圖片滑動顯示的外掛套件「Lightbox 2」

「Lightbox 2」是不需指令檔就能讓圖片滑動顯示的外掛套件。不需要撰寫複雜的HTML，也不需要撰寫指令檔就能輕鬆地讓圖片滑動顯示。將圖片的URL指定給「a」元素的「href」屬性，再以「data-lightbox="**圖片名稱**"」的語法指定即可。若是圖片的名稱相同，將視為群組滑動圖片。當滑鼠移入群組圖片時，將顯示切換前後圖片的箭頭按鈕。此外，Lightbox 2沒有其他可設定的選項。

071 可指定各種主題的幻燈片播放

外掛套件名稱	Nivo Slider
外掛套件版本	3.2
URL	https://github.com/gilbitron/Nivo-Slider

本單元要介紹的是可指定各種主題的幻燈片播放外掛套件。

●**HTML語法（index.html）**

```
<!DOCTYPE html>
<html>
  <head>
    <meta charset="utf-8">
    <title>Sample</title>
    <link rel="stylesheet" href="css/nivo-slider.css">
    <link rel="stylesheet" href="css/themes/bar/bar.css">
    <script src="http://ajax.googleapis.com/ajax/libs/jquery/2.1.1/jquery.min.js">
        </script>
    <script src="js/jquery.nivo.slider.pack.js"></script>
    <script src="js/sample.js"></script>
  </head>
  <body>
    <h1>幻燈片播放</h1>
    <div class="slider-wrapper theme-bar">
      <div class="ribbon"></div>
        <div id="slider" class="nivoSlider">
          <img src="images/1.jpg" alt="松本城" title="國寶 松本城">
          <img src="images/2.jpg" alt="芒草">
          <img src="images/3.jpg" alt="白絲瀑布">
          <img src="images/4.jpg" alt="奧木曾湖">
        </div>
      </div>
    </div>
  </body>
</html>
```

●**JavaScript語法（sample.js）**

```
$(window).load(function() {
  // 在指定的元素中執行滑動顯示
  $('#slider').nivoSlider({
    // 指定特效
    effect : "boxRainGrow",
    // 指定顯示時間
    pauseTime : 3000,
```

```
    // 指定「Next」字串
    nextText : "下一張",
    // 指定「Prev」字串
    prevText : "前一張",
  });
});
```

頁面匯入完成時，幻燈片就會自動播放。當滑鼠移入圖片時，控制器與按鈕將自動顯示。

滑鼠移開後，控制器就會消失。

ONEPOINT　可指定各種主題的幻燈片播放外掛套件「Nivo Slider」

「Nivo Slider」是可以指定各種主題的幻燈片播放外掛套件。這套外掛套件是否指定了主題，將使HTML的構造改變。下列是使用主題與未使用主題的構造。

■ 未使用主題的情況

```
<div id="slider" class="nivoSlider">
  <img src="【圖片的URL】">
      :
  依滑動顯示的圖片數量撰寫相同數量的img元素
</div>
```

■ 使用主題的情況

```
<div class="slider-wrapper theme-【主題名稱】">
  <div class="ribbon"></div>
    <div id="slider" class="nivoSlider">
      <img src="【圖片的URL】">
          :
  依滑動顯示的圖片數量撰寫相同數量的img元素
    </div>
  </div>
</div>
```

使用主題時，必須匯入對應的樣式表。

HTML的設定完成後，即可在指令檔中對括住滑動顯示圖片的「div」元素呼叫「nivoSlider()」方法。「nivoSlider()」方法不需指定任何選項即可執行。

「nivoSlider()」方法預設了為數眾多的選項，這些選項如下列表格所示。

■ 可指定的選項

選項	說明
effect	指定特效種類；可指定為「"sliceDown"」、「"sliceDownLeft"」、「"sliceUp"」、「"sliceUpLeft"」、「"sliceUpDown"」、「"sliceUpDownLeft"」、「"fold"」、「"fade"」、「"random"」、「"slideInRight"」、「"slideInLeft"」、「"boxRandom"」、「"boxRain"」、「"boxRainReverse"」、「"boxRainGrow"」、「"boxRainGrowReverse"」其中之一
slices	指定分割數
boxCols	指定垂直方向的分割數
boxRows	指定水平方向的分割數
animSpeed	以毫秒指定切換速度
pauseTime	指定圖片顯示時間
startSlide	指定起始圖片的順序（編號／索引）

選項	說明
directionNav	是否顯示前後切換按鈕；「true」為顯示
controlNav	指定是否顯示圖片編號控制器；「true」為顯示
controlNavThumbs	是否於控制器裡顯示縮圖；「true」為顯示
pauseOnHover	當滑鼠移入圖片時，是否暫停滑動處理；「true」為暫停
manualAdvance	是否切換成手動轉場效果；「true」為切換
prevText	指定前往上一張圖片的字串
nextText	指定前往下一張圖片的字串
randomStart	是否隨機開始播放；「true」為隨機
beforeChange	指定在圖片切換前呼叫的Callback函數
afterChange	指定在圖片切換後呼叫的Callback函數
slideshowEnd	指定幻燈片播放結束後呼叫的Callback函數
lastSlide	指定顯示最後一張幻燈片時呼叫的Callback函數
afterLoad	指定匯入圖片之後呼叫的Callback函數

此外，Nivo Slider也可於Word Press使用，但此時則需付費使用。

MEMO

072 利用CSS3的動畫特效滑動顯示圖片

外掛套件名稱	Photo Stack
外掛套件版本	無
URL	http://tutorialzine.com/2013/02/animated-css3-photo-stack/

本單元要介紹的是利用CSS3的特效滑動顯示圖片的外掛套件。

●HTML語法（index.html）

```
<!DOCTYPE html>
<html>
  <head>
    <meta charset="utf-8">
    <title>Sample</title>
    <link rel="stylesheet" href="css/animate.css">
    <link rel="stylesheet" href="css/style.css">
    <style>
      #photos { top: -100px; width: 480px; }
      #photos li { width: 480px; height: 270px; }
      a.arrow{ top: 180px; }
    </style>
    <script src="http://ajax.googleapis.com/ajax/libs/jquery/2.1.1/jquery.min.js">
      </script>
    <script src="js/script.js"></script>
  </head>
  <body>
    <h1>利用CSS3功能滑動顯示圖片</h1>
    <ul id="photos">
      <li><a src="images/1.jpg" style="background-image:url(images/1.jpg)"> ↵
        松本城</a></li>
      <li><a src="images/2.jpg" style="background-image:url(images/2.jpg)">芒草</a></li>
      <li><a src="images/3.jpg" style="background-image:url(images/3.jpg)"> ↵
        白絲瀑布</a></li>
      <li><a src="images/4.jpg" style="background-image:url(images/4.jpg)"> ↵
        奧木曾湖</a></li>
    </ul>
    <a href="#" class="arrow previous"></a>
    <a href="#" class="arrow next"></a>
  </body>
</html>
```

圖片切換時，將隨機套用特效。

Photo Stack

ONEPOINT　可利用CSS3動畫特效播放幻燈片的外掛套件「Photo Stack」

「Photo Stack」是可利用CSS3動畫特效播放幻燈片的外掛套件。可以利用CSS3的功能隨機切換圖片。

使用Photo Stack之前，必須在「ul」元素中指定「li」元素與「a」元素，接著將圖片的URL指定為「a」元素的背景圖片。「ul」元素的ID名稱必須指定為「photos」，之後可以利用CSS調整顯示的位置並且匯入指令檔。一旦指令檔匯入後，幻燈片將會自動播放。

此外，Photo Stack這套外掛套件無其他可指定的選項。

073 酷炫地播放幻燈片

外掛套件名稱	Photobox
外掛套件版本	1.9.1
URL	http://dropthebit.com/500/photobox-css3-image-gallery-jquery-plugin/

本單元要介紹的是能酷炫地播放幻燈片的外掛套件。

●HTML語法（index.html）

```
<!DOCTYPE html>
<html>
  <head>
    <meta charset="utf-8">
    <title>Sample</title>
    <link rel="stylesheet" href="css/photobox.css">
    <script src="http://ajax.googleapis.com/ajax/libs/jquery/2.1.1/jquery.min.js">
        </script>
    <script src="js/jquery.photobox.js"></script>
    <script src="js/sample.js"></script>
  </head>
  <body>
    <h1>播放幻燈片</h1>
      <div id="gallery">
        <a href="photo/1.jpg"><img src="photo/1.jpg" width="38" height="21"></a>
        <a href="photo/2.jpg"><img src="photo/2.jpg" width="38" height="21"></a>
        <a href="photo/3.jpg"><img src="photo/3.jpg" width="38" height="21"></a>
        <a href="photo/4.jpg"><img src="photo/4.jpg" width="38" height="21"></a>
        <a href="photo/5.jpg"><img src="photo/5.jpg" width="38" height="21"></a>
      </div>
  </body>
</html>
```

●JavaScript語法（sample.js）

```
$(function(){
  // 以ID名稱為gallery的元素內部的a元素為對象
  $("#gallery").photobox("a", {
    // 自動播放
    autoplay : true,
    // 循環播放
    loop : true,
    // 指定播放時間
    time : 4000
  });
});
```

Photobox

點選縮圖。

幻燈片將自動開始播放。

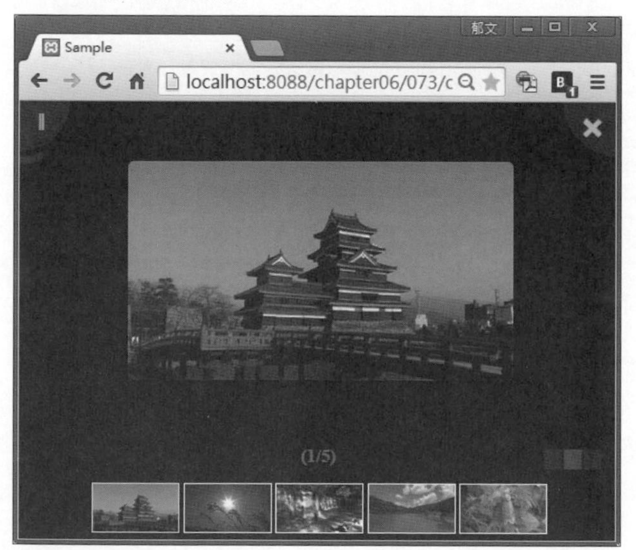

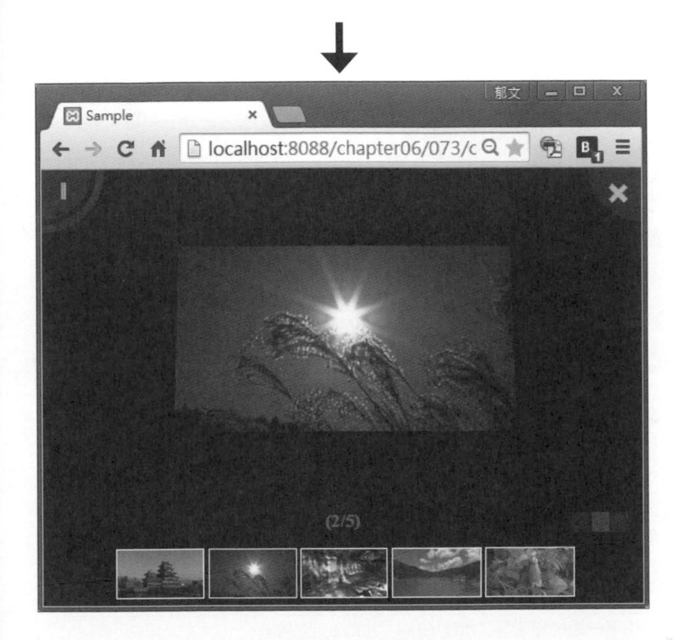

點選縮圖將顯示對應的圖片。

ONEPOINT 利用CSS3播放幻燈片的外掛套件「Photobox」

「Photobox」是利用CSS3功能酷炫地播放幻燈片的外掛套件。由於使用的是CSS3，所以可能無法在舊版瀏覽器執行，或是在新版瀏覽器執行時，會套用不同的動畫特效。

使用Photobox之前，必須要先預備在「div」元素中顯示的圖片。完成HTL元素的定義後，再對包含圖片的「div」元素呼叫「photobox()」方法。這個方法不需指定任何選項也可以執行。

也能夠進行更細膩的設定。此時可以對「photobox()」方法的第二個參數，指定下列表格內的選項。

■ 可指定的主要選項

選項	說明
history	是否使用HTML5的雜湊
time	以毫秒指定幻燈片播放時間
autoplay	是否自動播放；「true」為自動播放
loop	是否循環播放；「true」為循環播放
thumbs	是否在畫面下方顯示縮圖；若視窗小到無法容納所有縮圖則不顯示
counter	是否對目前所有圖片指定代表位置的數值
keys.close	指定幻燈片結束的key；預設值為「"27,88,67"」的字串
keys.prev	指定回到前一張的關鍵字；預設值為「"37,80"」的字串
key.next	指定前往下一張的關鍵字；預設值為「"39,78"」的字串

MEMO

074 能將照片上傳Twitter的幻燈片播放

外掛套件名稱	prettyPhoto
外掛套件版本	3.1.5
URL	http://www.no-margin-for-errors.com/projects/prettyphoto-jquery-lightbox-clone/

本單元要介紹的是能將照片上傳推特的幻燈片播放外掛套件。

●**HTML語法（index.html）**

```
<!DOCTYPE html>
<html>
  <head>
    <meta charset="utf-8">
    <title>Sample</title>
    <link rel="stylesheet" href="css/prettyPhoto.css">
    <script src="http://ajax.googleapis.com/ajax/libs/jquery/2.1.1/jquery.min.js">
      </script>
    <script src="js/jquery.prettyPhoto.js"></script>
    <script src="js/sample.js"></script>
  </head>
  <body>
    <h1>幻燈片播放</h1>
    <ul>
      <li><a href="photo/1.jpg" rel="prettyPhoto[nagano]" title="松本城"> ↵
        松本城</a></li>
      <li><a href="photo/2.jpg" rel="prettyPhoto[nagano]" title="芒草">芒草</a></li>
      <li><a href="photo/3.jpg" rel="prettyPhoto[nagano]" title="白絲瀑布"> ↵
        白絲瀑布</a></li>
      <li><a href="photo/4.jpg" rel="prettyPhoto[nagano]" title="奧木曽湖"> ↵
        奧木曽湖</a></li>
    </ul>
  </body>
</html>
```

●**JavaScript語法（sample.js）**

```
$(function(){
  // 以rel屬性為prettyPhoto的a元素為對象
  $("a[rel^='prettyPhoto']").prettyPhoto({
    // 自動播放
    autoplay_slideshow : true,
    // 將特效速度設定為500msec
    animation_speed : 500,
    // 指定覆蓋層的不透明度
    opacity : 0.7
  });
});
```

點選連結。

幻燈片將開始播放。後續將自動切換至下一張圖片。

點選「Tweet」按鈕就可以將照片上傳至Twitter。

ONEPOINT　能將幻燈片圖片上傳至Twitter的外掛套件「prettyPhoto」

「prettyPhoto」是能在幻燈片模式下單獨播放圖片或群組播放圖片的外掛套件，而且這套外掛套件還具有將圖片發佈至Twitter，以及播放視訊的功能。此外，發佈的目標不限於Twitter，只要變更「prettyPhoto()」方法的「social_tools」選項即可。

要透過prettyPhoto播放幻燈片圖片時，必須對「a」元素或「area」元素呼叫「prettyPhoto()」方法。這個方法不需額外指定選項就能執行。

「prettyPhoto()」方法預設了多種選項，主要的選項如下列表格所示。

■ 主要的選項

選項	說明
animation_speed	指定動畫特效速度；可利用「"fast"」這類字串或「500」這類數值指定
slideshow	幻燈片圖片的顯示時間；也可指定為「false」
autoplay_slideshow	以幻燈片模式顯示圖片時，指定是否自動播放；指定為「true」代表播放
opacity	指定覆蓋層的不透明度；可指定為「0.0」～「1.0」之間的範圍
show_title	是否顯示標題；「true」代表顯示
allow_resize	是否自動縮放；「true」代表自動縮放
default_width	指定預設的寬度
default_height	指定預設的高度
counter_separator_label	指定代表張數的間隔字元
theme	指定主題，可指定為「"pp_default"」的字串；主題由prettyPhoto網站提供
horizontal_padding	指定水平方向的留白
hideflash	是否隱藏Flash；「true」為隱藏
wmode	指定Flash的「wmode」
autoplay	指定是否自動播放視訊；「true」為自動播放
modal	是否切換成強制回應模式；「true」為切換
keyboard_shortcuts	是否啟用鍵盤操作；「true」為啟用
changepicturecallback	指定圖片切換時呼叫的函數
callback	指定幻燈片關閉時呼叫的函數
ie6_fallback	是否執行IE6使用的fallback
markup	幻燈片顯示時的HTML標示
gallery_markup	相簿的標示
image_markup	圖片的標示
flash_markup	Flash的標示
quicktime_markup	QuickTime的標示
iframe_markup	inline-frame（iframe）的標示
inline_markup	in-line的標示
custom_markup	自訂標示
social_tools	SNS相關的標示

075 播放支援響應式設計的幻燈片

外掛套件名稱	Slippry
外掛套件版本	1.2.1
URL	http://slippry.com/

本單元要介紹的是支援響應式設計的幻燈片播放外掛套件。

●HTML語法（index.html）

```
<!DOCTYPE html>
<html>
  <head>
    <meta charset="utf-8">
    <title>Sample</title>
    <link rel="stylesheet" href="css/slippry.css">
    <script src="http://ajax.googleapis.com/ajax/libs/jquery/2.1.1/jquery.min.js">
      </script>
    <script src="js/slippry.min.js"></script>
    <script src="js/sample.js"></script>
  </head>
  <body>
    <h1>幻燈片播放</h1>
    <ul id="myPhoto">
      <li><a href="#"><img src="images/1.jpg" alt="松本城"></a></li>
      <li><a href="#"><img src="images/2.jpg" alt="芒草"></a></li>
      <li><a href="#"><img src="images/3.jpg" alt="白絲瀑布"></a></li>
      <li><a href="#"><img src="images/4.jpg" alt="奧木曾湖"></a></li>
      <li><a href="#"><img src="images/5.jpg" alt="螢袋"></a></li>
    </ul>
  </body>
</html>
```

●JavaScript語法（sample.js）

```
$(function(){
  // 在幻燈片模式下顯示特定ID的圖片
  $('#myPhoto').slippry({
    // 自動播放
    auto : true,
    // 將顯示時間設定為4秒
    pause : 4000,
    // 將第一張顯示的圖片設定為第三張圖片
    start : 3,
    // 將畫面切換方式設定為fade
    transition : "fade",
```

Slippry

```
      // 將畫面切換時間設定為500毫秒
      speed : 500
    });
  });
```

圖片將自動以幻燈片模式播放。圖片上會顯示圖片說明。

點選畫面下方的控制器（●），即可顯示對應的圖片。

ONEPOINT 支援響應式設計的外掛套件「Slippry」

這次介紹的是支援響應式設計的幻燈片播放外掛套件「Slippry」。使用時必須將圖片的「img」元素指定為列表項目，而此時的「img」元素必須先以「a」元素括起來，否則將無法調整圖片尺寸。

HTML的設定完成後，對要顯示幻燈片圖片的「ul」元素呼叫「slippry()」方法。這個方法不需要特別指定選項也可以執行。「slippry()」方法預設了許多選項，可指定的選項如下列表格所示。

■ 可指定的選項

選項	說明
start	第一張圖片的編號；「1」代表第一張圖片
auto	是否自動播放；「true」代表自動播放
loop	是否循環播放；「true」代表循環播放
captionSrc	從哪一個元素取得圖片說明的文字
captions	指定圖片說明的顯示方法；可指定為「"overlay"」、「"below"」、「"custom"」其中之一的字串，也可指定為「false」
responsive	是否支援回應式設計；「true」代表支援
controls	是否顯示控制器
transition	指定圖片切換的方法；可指定為「"fade"」、「"horizontal"」、「"kenburns"」其中之一的字串，也可指定為「false」；若是指定為「"kenburns"」，有時第一張圖片並不會顯示
kenZoom	「transition」選項指定為「"kenburns"」的情況下，圖片要以多少倍率顯示
speed	以毫秒指定圖片的切換速度
easing	指定切換的方式
pause	以毫秒指定圖片的顯示時間

076 播放垂直方向的幻燈片

外掛套件名稱	Sly
外掛套件版本	1.2.7
URL	http://darsa.in/sly/

本單元要介紹的是能於垂直方向播放幻燈片的外掛套件。

●HTML語法（index.html）

```
<!DOCTYPE html>
<html>
  <head>
    <meta charset="utf-8">
    <title>Sample</title>
    <link rel="stylesheet" href="css/vertical.css">
    <style>
      .frame { width: 440px; height: 480px; }
      .frame ul.items li { height : 216px; }
      .frame ul.items li.active { background-color: orange;
    </style>
    <script src="http://ajax.googleapis.com/ajax/libs/jquery/2.1.1/jquery.min.js">
      </script>
    <script src="js/jquery.easing.1.3.js"></script>
    <script src="js/sly.min.js"></script>
    <script src="js/sample.js"></script>
  </head>
  <body>
    <h1>播放垂直方向的幻燈片</h1>
  <div class="frame smart" id="smart">
    <ul class="items">
      <li><img src="images/1.jpg" width="384" height="216"></li>
      <li><img src="images/2.jpg" width="384" height="216"></li>
      <li><img src="images/3.jpg" width="384" height="216"></li>
      <li><img src="images/4.jpg" width="384" height="216"></li>
      <li><img src="images/5.jpg" width="384" height="216"></li>
    </ul>
  </div>
  </body>
</html>
```

●JavaScript語法（sample.js)

```
$(function(){
  // 以ID名稱為smart元素內部的圖片為對象
  $("#smart").sly({
    itemNav: "centered",
    // 若圖片無法完整容納於容器中則捲動畫面
    smart: 1,
    // 以click啟用
    activateOn: "click",
    // 啟用滑鼠拖曳功能
    mouseDragging: 1,
    // 啟用點擊功能
    touchDragging: 1,
    // 拖曳&點擊操作結束時讓圖片搖晃
    releaseSwing: 1,
    // 以滑鼠滾輪捲動畫面
    scrollBy: 1,
    // 指定動畫特效速度
    speed: 300,
    // 進行拖曳與點擊操作時，連畫面外部一併捲動
    elasticBounds: 1,
    // 指定特效種類
    easing: "easeOutExpo"
  });
});
```

開啟瀏覽器將會顯示圖片。啟用中的圖片將於左右兩側顯示橙色色帶。

點選圖片、滑動滑鼠滾輪或是點擊，都能捲動至其他圖片。

ONEPOINT　擁有各種功能的外掛套件「Sly」

「Sly」是能於垂直方向播放幻燈片的外掛套件。Sly也能播放水平方向的幻燈片，也具有Parallax scrolling視差捲動功能（多重捲動），是一套功能非常優異的外掛套件。使用之前必須匯入jQuery Easing函式庫。

要以Sly播放垂直方向的幻燈片時，必須先以下列語法撰寫HTML的內容。

```
<div class="frame smart" id=【隨意id】">
  <ul class="items">
    <li><img src="【圖片路徑】"></li>
    <li><img src="【圖片路徑】"></li>
       :
      依照圖片的數量列舉
  </ul>
</div>
```

完成HTML元素的定義後，再對括住列表元素的「div」元素呼叫「sly()」方法。「sly()」方法預設了許多選項，但要播放垂直方向的幻燈片之前，必須如範例般指定多個選項。

「sly()」方法可指定的選項如下列表格所示。

■ 可指定的主要選項

選項	說明
itemNav	指定導覽列的位置；可指定為「"basic"」、「"centered"」、「"forceCentered"」其中之一的字串
smart	當圖片無法完整收納於容器時，是否捲動畫面；「1」代表捲動
activateOn	以字串指定啟用圖片的事件名稱
mouseDragging	是否啟用以滑鼠拖曳所有圖片的功能；「1」為啟用
touchDragging	是否啟用以點擊拖曳所有圖片的功能；「1」為啟用
releaseSwing	拖曳、點擊事件觸發時，所有圖片是否搖晃；「1」為搖晃
swingspeed	指定搖晃的速度
scrollBy	是否啟用滑鼠滾輪捲動畫面的功能；「1」為啟用
speed	以毫秒指定特效速度
elasticBounds	拖曳與點擊時，是否連同畫面外側一同捲動；「1」為捲動
easing	指定動畫特效的動作；可指定為jQuery Easing外掛套件可使用的字串
startAt	指定第一張啟用的圖片的索引編號；「0」為第一張圖片

MEMO

077 平滑地水平捲動圖片

外掛套件名稱	Smooth Div Scroll
外掛套件版本	1.3
URL	http://www.smoothdivscroll.com/

本單元要介紹的是能平滑地水平捲動圖片的外掛套件。

●**HTML語法（index.html）**

```
<!DOCTYPE html>
<html>
  <head>
    <meta charset="utf-8">
    <title>Sample</title>
    <link rel="stylesheet" href="css/smoothDivScroll.css">
    <style>
      #myAlbum {
       position: relative;
       width:100%;
       height: 270px;
      }
     #myAlbum div.scrollableArea img {
       float: left;
      }
    </style>
    <script src="http://ajax.googleapis.com/ajax/libs/jquery/2.1.1/jquery.min.js">
      </script>
    <script src="http://code.jquery.com/ui/1.11.2/jquery-ui.min.js"></script>
    <script src="js/jquery.mousewheel.min.js"></script>
    <script src="js/jquery.kinetic.min.js"></script>
    <script src="js/jquery.smoothdivscroll-1.3-min.js"></script>
    <script src="js/sample.js"></script>
  </head>
  <body>
    <h1>幻燈片播放</h1>
      <div id="myAlbum">
        <img src="photo/1.jpg" width="480" height="270">
        <img src="photo/2.jpg" width="480" height="270">
        <img src="photo/3.jpg" width="480" height="270">
        <img src="photo/4.jpg" width="480" height="270">
        <img src="photo/5.jpg" width="480" height="270">
        <img src="photo/6.jpg" width="480" height="270">
        <img src="photo/7.jpg" width="480" height="270">
        <img src="photo/8.jpg" width="480" height="270">
        <img src="photo/9.jpg" width="480" height="270">
        <img src="photo/10.jpg" width="480" height="270">
```

```
    </div>
  </body>
</html>
```

●**JavaScript語法（sample.js）**

```
$(function(){
  // 以ID名稱為myAlbum的元素內部的img元素為對象
  $("#myAlbum").smoothDivScroll({
    // 設定自動捲動
    autoScrollingMode: "onStart",
    // 設定捲動量
    autoScrollingStep : 1
  });
});
```

頁面開啟後，圖片將自動滑動顯示。

當滑鼠移入圖片時，畫面左右兩側將顯示導覽列的箭頭圖示。滑鼠移至箭頭圖示之後，圖片將快速滑動。

ONEPOINT　能平滑地捲動圖片的外掛套件「Smooth Div Scroll」

「Smooth Div Scroll」是能平滑地捲動圖片的外掛套件。

使用之前必須先於「div」元素列舉「img」元素。「div」元素如果先行指定ID名稱或CSS類別名稱，才方便透過指令檔操作。

完成HTML元素的定義後，可以對括住「img」元素的「div」元素呼叫「smoothDivScroll()」方法。「smoothDivScroll()」方法另外預設了下列表格內的選項。

■ 可指定的主要選項

選項	說明
autoScrollingMode	指定自動捲動模式；可指定為「"always"」、「"onStart"」或是空白字元
autoScrollingDirection	指定捲動方向；可指定為「"right"」、「"left"」、「"backAndForth"」、「"endlessLoopRight"」、「"endlessLoopLeft"」其中一個字串
autoScrollingStep	指定自動捲動時的捲動量
autoScrollingInterval	以毫秒指定自動捲動時，捲動一次的移動時間
hotSpotScrolling	是否以熱點捲動畫面；「true」為是
hotSpotScrollingStep	指定熱點的捲動量
hotSpotScrollingInterval	以毫秒指定熱點捲動一次的移動時間
touchScrolling	指定是否能以點擊操作捲動畫面；「true」為啟用

078 同時顯示縮圖與圖片

外掛套件名稱	SuperBox
外掛套件版本	1.0.0
URL	http://toddmotto.com/introducing-superbox-the-reimagined-lightbox-gallery/

本單元要介紹的是同時顯示縮圖與圖片的外掛套件。

●HTML語法（index.html）

```
<!DOCTYPE html>
<html>
  <head>
    <meta charset="utf-8">
    <title>Sample</title>
    <link rel="stylesheet" href="css/style.css">
    <style>
  body { background-color : #deffde; }
    </style>
    <script src="http://ajax.googleapis.com/ajax/libs/jquery/2.1.1/jquery.min.js">
      </script>
    <script src="js/superbox.min.js"></script>
    <script src="js/sample.js"></script>
  </head>
  <body>
    <h1>幻燈片播放</h1>
      <div class="superbox">
        <div class="superbox-list"><img src="thumb/1.jpg" data-img="images/1.jpg" ↵
          class="superbox-img"></div>
        <div class="superbox-list"><img src="thumb/2.jpg" data-img="images/2.jpg" ↵
          class="superbox-img"></div>
        <div class="superbox-list"><img src="thumb/3.jpg" data-img="images/3.jpg" ↵
          class="superbox-img"></div>
        <div class="superbox-list"><img src="thumb/4.jpg" data-img="images/4.jpg" ↵
          class="superbox-img"></div>
        <div class="superbox-list"><img src="thumb/5.jpg" data-img="images/5.jpg" ↵
          class="superbox-img"></div>
        <div class="superbox-list"><img src="thumb/6.jpg" data-img="images/6.jpg" ↵
          class="superbox-img"></div>
        <div class="superbox-list"><img src="thumb/7.jpg" data-img="images/7.jpg" ↵
          class="superbox-img"></div>
        <div class="superbox-list"><img src="thumb/8.jpg" data-img="images/8.jpg" ↵
          class="superbox-img"></div>
        <div class="superbox-list"><img src="thumb/9.jpg" data-img="images/9.jpg" ↵
          class="superbox-img"></div>
```

```
        <div class="superbox-list"><img src="thumb/10.jpg" data-img="images/10.jpg" ↵
          class="superbox-img"></div>
    </div>
  </body>
</html>
```

●**JavaScript語法（sample.js）**

```
$(function(){
  // 以CSS類別名稱是superbox元素內部的img元素為對象
  $(".superbox").SuperBox();
});
```

點選縮圖。

在縮圖上下之間放大顯示圖片。

ONEPOINT 同時顯示縮圖並顯示放大圖片的外掛套件「SuperBox」

「SuperBox」是能顯示縮圖又同時能夠放大圖片的外掛套件。

SuperBox所使用的「div」元素與「img」元素必須如下列的構造撰寫。

```
<div class="superbox">
  <div class="superbox-list"><img src="【縮圖的URL】" data-img="【圖片的URL】"
    class="superbox-img"></div>

      :
    依圖片的數量列舉

</div>
```

完成HTML元素的定義後，可利用「$(".superbox").SuperBox()」語法呼叫「SuperBox()」方法。此外，「SuperBox()」方法無預設其他選項。

MEMO

079 背景滑動顯示

外掛套件名稱	Vegas Background
外掛套件版本	1.3.5
URL	http://vegas.jaysalvat.com/

本單元要介紹的是能讓背景滑動顯示的外掛套件。

●HTML語法（index.html）

```
<!DOCTYPE html>
<html>
  <head>
    <meta charset="utf-8">
    <title>Sample</title>
    <link rel="stylesheet" href="css/jquery.vegas.css">
    <script src="http://ajax.googleapis.com/ajax/libs/jquery/2.1.1/jquery.min.js">
      </script>
    <script src="js/jquery.vegas.min.js"></script>
    <script src="js/sample.js"></script>
  </head>
  <body>
    <h1>背景滑動顯示</h1>
  </body>
</html>
```

●JavaScript語法（sample.js）

```
$(function(){
  // 背景的滑動處理
  $.vegas("slideshow", {
    // 指定背景圖片的URL與淡出時間
    backgrounds : [
      { src : "images/1.jpg", fade : 500 },
      { src : "images/2.jpg", fade : 500 },
      { src : "images/3.jpg" },
      { src : "images/4.jpg" }
    ]
  })("overlay", {
    // 指定覆蓋層圖片的URL
    src : "overlays/13.png",
    // 指定覆蓋層圖片的不透明度
    opacity : 0.75
  });
});
```

Vegas Background

圖片將於頁面的背景顯示並且陸續切換。第一張與第二張圖片將套用淡出／淡入特效顯示。

ONEPOINT　讓背景圖片滑動顯示的外掛套件「Vegas Background」

「Vegas Background」是能夠讓背景圖片滑動顯示的外掛套件。可以只顯示一張背景圖片，也可以讓多張背景圖片切換顯示。

使用Vegas Background之前不需要特別設定HTML的頁面語法內容，只需要在指令檔當中以「$.vegas("slideshow", {～})的語法，在選項中指定背景圖片的URL以及淡出／淡入時間。此外，覆蓋層可以在呼叫「$.vegas()」方法時以傳遞的參數指定。

這個方法可指定的主要選項請參考下列表格。

■ 可於只有一張背景圖片時指定的選項

選項	說明
src	指定圖片的URL
background	儲存多張圖片資訊的陣列；可指定為『可於幻燈片顯示模式指定的選項』表格內的選項

■ 可於幻燈片模式指定的選項

選項	說明
src	指定圖片的URL
align	指定水平方向的顯示位置
valign	指定垂直方向的顯示位置
fade	以毫秒指定淡出／入時間

■ 覆蓋層的選項

選項	說明
src	指定覆蓋層圖片的URL
opacity	覆蓋層的不透明度；可指定為「0.0」～「1.0」之間的範圍

此外，若只顯示一張背景圖片，第一個參數的「"slideshow"」可省略，只需要指定為「$.vegas({src:"【URL】"})。

MEMO

080 縮放處理與相簿顯示模式執行

外掛套件名稱	Zoombox
外掛套件版本	無
URL	http://grafikart.github.io/Zoombox/

本單元要介紹的是能執行縮放處理與相簿顯示模式的外掛套件

●**HTML語法（index.html）**

```
<!DOCTYPE html>
<html>
  <head>
    <meta charset="utf-8">
    <title>Sample</title>
    <link rel="stylesheet" href="css/zoombox.css">
    <script src="http://ajax.googleapis.com/ajax/libs/jquery/2.1.1/jquery.min.js">
      </script>
    <script src="http://code.jquery.com/jquery-migrate-1.2.1.min.js"></script>
    <script src="js/zoombox.js"></script>
    <script src="js/sample.js"></script>
  </head>
  <body>
    <h1>相簿顯示模式</h1>
    <div>
      <a class="zoombox zgallery0" href="images/1.jpg"><img src="images/1.jpg" ↵
        width="32" height="32"></a>
      <a class="zoombox zgallery0" href="images/2.jpg"><img src="images/2.jpg" ↵
        width="32" height="32"></a>
      <a class="zoombox zgallery0" href="images/3.jpg"><img src="images/3.jpg" ↵
        width="32" height="32"></a>
      <a class="zoombox zgallery0" href="images/4.jpg"><img src="images/4.jpg" ↵
        width="32" height="32"></a>
      <a class="zoombox zgallery0" href="images/5.jpg"><img src="images/5.jpg" ↵
        width="32" height="32"></a>
    </div>
  </body>
</html>
```

●**JavaScript語法（sample.js）**

```
// 設定成可縮放
  $("a.zoombox").zoombox({
    // 指定主題
    theme : "lightbox",
```

Zoombox

```
  $(function(){
    // 指定黑色覆蓋層的不透明度
    opacity : 0.5,
    // 指定動畫特效的處理時間
    duration : 2000,
    // 是否套用動畫特效同時顯示圖片
    animation : true,
    // 指定為相簿模式
    gallery : true
  });
});
```

點選圖片。

點選圖片後，將同時套用動畫特效並且於畫面中央顯示圖片。

畫面下方將顯示縮圖，點選之後顯示對應的圖片。

ONEPOINT 能縮放圖片與切換成相簿顯示模式的外掛套件「Zoombox」

「Zoombox」是能放大顯示圖片的外掛套件。會在「a」元素被點選之後，根據由「href」屬性指定的URL匯入圖片再顯示圖片。若是將「a」元素的「class」屬性指定為「zgallery編號」的格式，就能切換成相簿模式。假設指定為「zgallery0」或「zgallery9」，相同名稱的圖片將組成群組，並以相簿模式顯示。

「zoombox()」方法可指定的選項請參考下列表格。

■ 可指定的選項

選項	說明
theme	指定主題；預設值為「"zoombox"」
opacity	不透明度；預設值為「0.8」
duration	開場動畫特效的時間（毫秒）
animation	是否播放調整尺寸的動畫特效；預設值為「true」，代表播放
width	視訊的預設寬度
height	視訊的預設高度
gallery	是否顯示縮圖；「true」代表顯示縮圖
autoplay	是否自動播放；預設值為「false」，代表不自動播放
overflow	是否讓圖片溢出；預設值為「false」，代表不溢出

MEMO

CHAPTER 07

頁面

081 將標題轉換成導覽列

外掛套件名稱	Anchorific.js
外掛套件版本	無
URL	http://renaysha.me/anchorific-js/

本單元要介紹的是將標題轉換成導覽列的外掛套件。

●HTML語法（index.html）

```
<!DOCTYPE html>
<html>
  <head>
    <meta charset="utf-8">
    <title>Sample</title>
    <style>
      .anchorific { position: fixed; margin-left: -40px; }
      .anchorific ul { list-style-type: none; }
      .anchorific li ul { list-style-type: none; display: none; ↵
        background-color: #fff; }
      .anchorific ul li a {
        font-size: 9pt;
        display: block;
        text-decoration: none; border-bottom:1px solid gray;
      }
      .anchorific li ul { display: none; }
      .anchorific li.active > a { background-color: #fcc; }
      .anchorific li.active > ul { display: block; }
      #content { margin-left: 300px; }
      p { width: 480px; height: 200px; background-color: #eee; }
    </style>
    <script src="http://ajax.googleapis.com/ajax/libs/jquery/2.1.0/jquery.min.js">
      </script>
    <script src="js/anchorific.min.js"></script>
    <script src="js/sample.js"></script>
  </head>
  <body>
    <nav class="anchorific"></nav>
    <div id="content">
      <h1>將header轉換成導覽列</h1>
        <h2>關於jQuery</h2>
          <p>說明···</p>
          <h3>執行$()</h3>
            <p>說明···</p>
          <h3>執行外掛套件</h3>
            <p>說明···</p>
```

```
            <h4>製作外掛套件</h4>
              <p>說明…</p>
        <h2>關於jQuery UI</h2>
          <p>說明…</p>
          <h3>UI的重要性</h3>
            <p>說明…</p>
          <h3>預設的組件</h3>
            <p>說明…</p>
            <h4>使用滑桿</h4>
              <p>說明…</p>
        <h2>關於jQuery Mobile</h2>
          <p>說明…</p>
          <h3>智慧型手機的崛起</h3>
            <p>說明…</p>
            <h4>iPhone與Android的差異</h4>
              <p>說明…</p>
            <h4>求同存異</h4>
              <p>說明…</p>
    </div>
  </body>
</html>
```


●**JavaScript語法（Sample.js）**

```
$(function(){
  // 將指定的元素轉換成導覽列
  $("#content").anchorific({
    // 將指定的CSS類別元素轉換成導覽列
    navigation : ".anchorific",
    // 指定滑動顯示的速度
    speed : 500
  });
});
```

HINT

這套外掛套件只可以在jQuery 2.1.0之前的版本執行，2.1.1後就無法正常執行。

頁面中的標題將轉換成導覽列，於頁面的左側顯示。

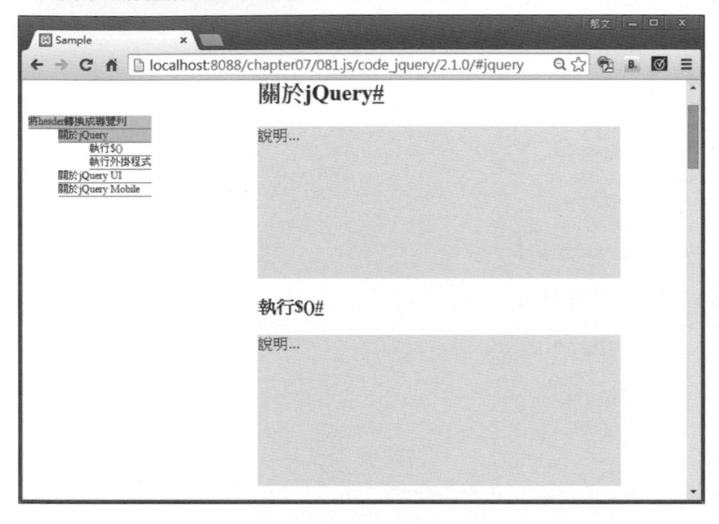

捲動頁面之後，導覽列內容將隨著標題改變。

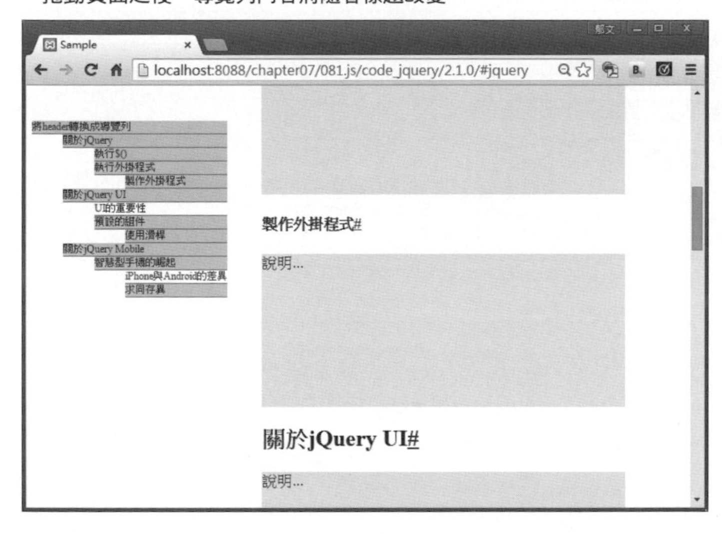

點選導覽列內的文字，頁面將自行捲動至對應的標題。

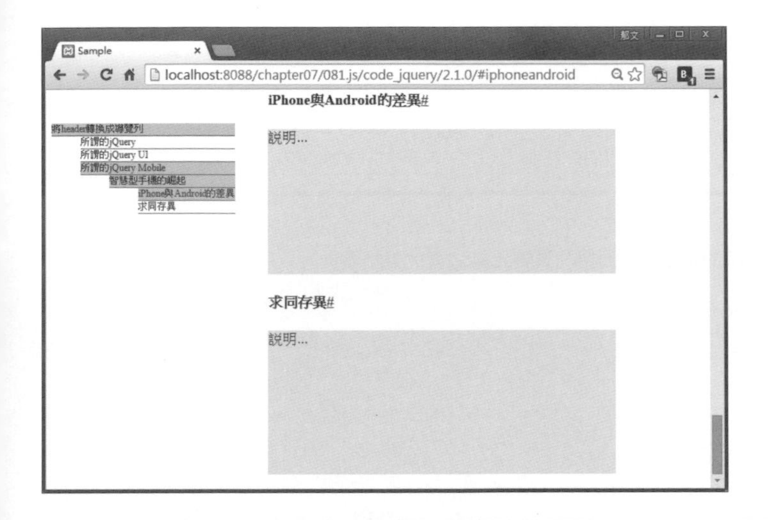

ONEPOINT　能將標題元素轉換成導覽列的外掛套件「Anchorific.js」

只要使用「Anchorific.js」這套外掛套件，就能將標題元素轉換成導覽列，並讓導覽列依照頁面的內容動態調整。雖然導覽列將自動建立，但導覽列的文字仍是以標題元素括起來的字串。

HTML的部分需要利用下列語法在頁面中建立「nav」元素。

```
<nav class="anchorific"></nav>
```

指令檔的部分只需要對上述的<nav>元素呼叫「anchorific()」方法即可。這個方法不需要指定任何選項也可以執行。但如果沒有預先設定CSS，導覽列則會變成奇怪的樣式。

「anchorific()」方法可另外指定下列表格內的選項。

■ 可指定的選項

選項	說明
navigation	指定導覽列的CSS類別
speed	指定導覽列展開時的特效速度
anchorClass	指定CSS的錨點類別
anchorText	指定於標題旁顯示的錨點字串
top	指定回到上方按鈕的CSS類別名稱
spy	導覽列是否對應頁面的捲動位置動態展開
position	指定錨點文字（以「anchorText」指定的文字）的位置

此外，Anchorific是將標題字串當成錨點使用，所以若是字串中包含日文、中文，有可能無法正常執行。

082 依照頁面捲動調整元素位置

外掛套件名稱	Auto Fix Anything
外掛套件版本	1
URL	http://www.thepetedesign.com/demos/autofix_demo.html

本單元要介紹的是依照畫面捲動調整元素位置的外掛套件。

●HTML語法（index.html）

```
<!DOCTYPE html>
<html>
  <head>
    <meta charset="utf-8">
    <title>Sample</title>
    <link rel="stylesheet" href="css/autofix_anything.css">
    <style>
      #header {
        position: relative;
        width : 480px;
        height : 60px;
        background-color : #ddd;
        border: 1px solid black;
      }
      #header.autofix_sb.fixed {
        position: relative;
        top: -20px;
        width : 480px;
        color: white;
        background-color : #000;
        border: 4px solid black;
      }
    </style>
    <script src="http://ajax.googleapis.com/ajax/libs/jquery/2.0.3/jquery.min.js">
      </script>
    <script src="js/jquery.autofix_anything.min.js"></script>
    <script src="js/sample.js"></script>
  </head>
  <body>
    <h1 id="header">依照畫面捲動調整位置</h1>
    <table height="400" border="1">
      <tr><td>Color</td><td>Black</td></tr>
    </table>
  </body>
</html>
```

●JavaScript語法（sample.js）

```
$(function(){
  // 對指定的元素進行調整處理
  $("#header").autofix_anything({
    // 設定為畫面捲動至最下方也能維持顯示
    onlyInContainer: false
  });
});
```

捲動之前的標題背景色為灰色。

捲動頁面之後，標題將固定在頁面上方，並套用黑底白字的樣式。

ONEPOINT 捲動頁面時調整元素樣式與固定元素位置的外掛套件「Auto Fix Anything」

如果希望在頁面捲動時，元素仍固定在原本位置，只需要指定CSS的「position:fixed」樣式。但如果希望在捲動頁面時同時調整樣式，就可以使用Auto Fix Anything這套外掛套件。它不需要在HTML中設定元素，只需要在CSS與指令檔中指定元素的固定位置與樣式。

捲動時套用的樣式可於CSS中利用下列語法指定。「●●●」的部分就是要指定的元素。

```
●●●.outofix_sb.fixed {
  捲動時套用的樣式
}
```

完成CSS的設定後，只要對指定的元素呼叫「autofix_anything()」方法即可。這個方法不需要另外指定選項也可執行，但也可以另外指定下列表格內的選項。

■ 可指定的選項

選項	說明
onlyInContainer	只在元素位於容器內時進行處理；「true」為只在容器內處理
customOffset	是否啟用自訂位移；「true」為啟用
manual	手動處理；指定為「false」之後，將自動調整元素的位置與樣式

MEMO

083 顯示大型註釋

外掛套件名稱	Bigfoot
外掛套件版本	2.1.1
URL	http://cmsauve.com/labs/bigfoot/

本單元要介紹的是可顯示大型註釋的外掛套件。

●HTML 語法（index.html）

```
<!DOCTYPE html>
<html>
  <head>
    <meta charset="utf-8">
    <title>Sample</title>
    <link rel="stylesheet" href="css/bigfoot-default.css">
    <script src="http://ajax.googleapis.com/ajax/libs/jquery/2.0.3/jquery.min.js">
      </script>
    <script src="js/bigfoot.min.js"></script>
    <script src="js/sample.js"></script>
  </head>
  <body>
    <h1>顯示註釋</h1>
    <p>是由新潟縣的某間公司<a href="#fn:1" rel="footnote">(*1)</a>開發完成</p>
    <ol>
      <li class="footnote" id="fn:1"><p>C&amp;R研究所已出版各類書籍</p></li>
    </ol>
  </body>
</html>
```

●JavaScript語法（sample.js）

```
$(function(){
  // 註釋的設定
  $.bigfoot({
    // 設定為滑鼠移入也不會自動顯示
    activateOnHover : false,
    // 設定為不同時顯示多個註釋對話框
    allowMultipleFN : false
  });
});
```

可顯示註釋的部分將顯示為「…」。這個部位是可以點選的。

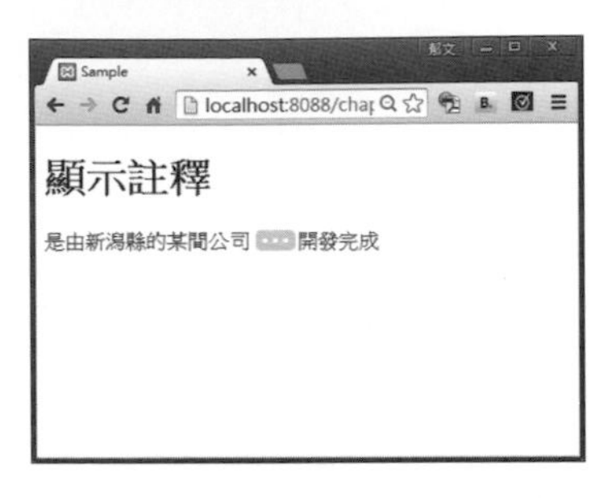

點選後將顯示氣泡提醒對話框的註釋，再次點選即可隱藏對話框。

ONEPOINT　可顯示註釋的外掛套件「Bigfoot」

「Bigfoot」是能夠顯示註釋的外掛套件。這套外掛套件將代表註釋的超連結顯示為「…」，點選之後將顯示對話框的內容。

使用之前必須先於HTML中以下列的語法設定註釋的內容。兩處的「【編號】」必須互相對應。此外，編號樣式或一般樣式的列表項目皆可順利執行。

```
<a href="#fn:【編號】" rel="footnote"> ～ </a>

<ol>
  <li class="footnote" id="fn:【編號】">要顯示的內容</li>
</ol>
```

接著在指令檔中呼叫「$.bigfoot()」方法，就會自動完成註釋的設定。「$.bigfoot()」方法的參數還可另外指定下列表格內的選項。

■ 可指定的選項

選項	說明
activateOnHover	滑鼠移入時是否顯示註釋
allowMultipleFN	是否同時顯示多個註釋
contentMarkup	指定內容的HTML標示
buttonMarkup	指定按鈕的HTML標示

084 折疊／展開段落

外掛套件名稱	jQuery More
外掛套件版本	2.0.1
URL	http://keith-wood.name/more.html

本單元要介紹的是能折疊／展開段落的外掛套件。

●HTML語法（index.html）

```
<!DOCTYPE html>
<html>
  <head>
    <meta charset="utf-8">
    <title>Sample</title>
    <link rel="stylesheet" href="css/jquery.more.css">
    <script src="http://ajax.googleapis.com/ajax/libs/jquery/2.1.1/jquery.min.js">
      </script>
    <script src="js/jquery.plugin.min.js"></script>
    <script src="js/jquery.more.min.js"></script>
    <script src="js/sample.js"></script>
  </head>
  <body>
    <h1>折疊／展開長篇文章</h1>
    <p id="longtext">
      新聞報導通常是長篇文章，所以有些網站只顯示開頭的前100個字，而此時通常會在 ↵
        結尾處附上「繼續閱讀」的連結，點選後即可顯示全文。
    </p>
  </body>
</html>
```

●JavaScript語法（sample.js）

```
$(function(){
  // 設定折疊長篇文章
  $("#longtext").more({
    // 10個字元為止
    length : 10,
    // 交互切換(toggle)
    toggle : true,
    // 於長篇文章結尾處顯示的字元
    ellipsisText : "》》》",
    // 設定展開文章的字元
    moreText : "繼續閱讀",
    // 設定折疊時的字元
    lessText : "折疊",
```

jQuery More

```
      // 展開／折疊時的處理
      onChange : function(expanded){
    // 取得文章狀態
    if (expanded === true){
      // 文章展開時，將背景色設定為橘色
      $("#longtext").css("background-color", "orange")
    }else{
      // 讓背景回復白色
      $("#longtext").css("background-color", "white")
    }
      }
    });
  });
```

一開始只顯示文章的局部內容，點選「繼續閱讀」將可顯示整篇文章。點選「折疊」連結，文章則成為折疊狀態。

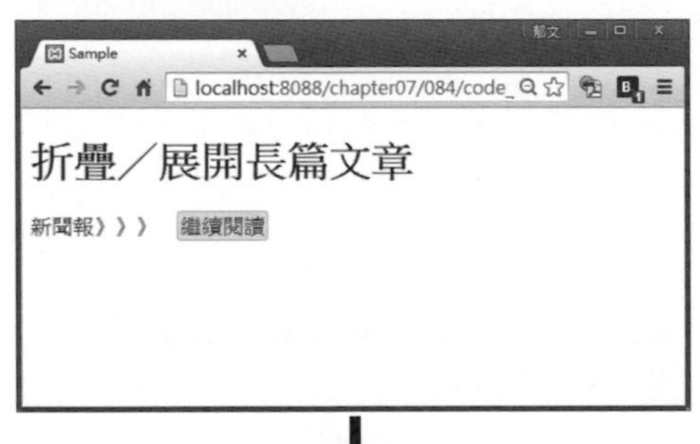

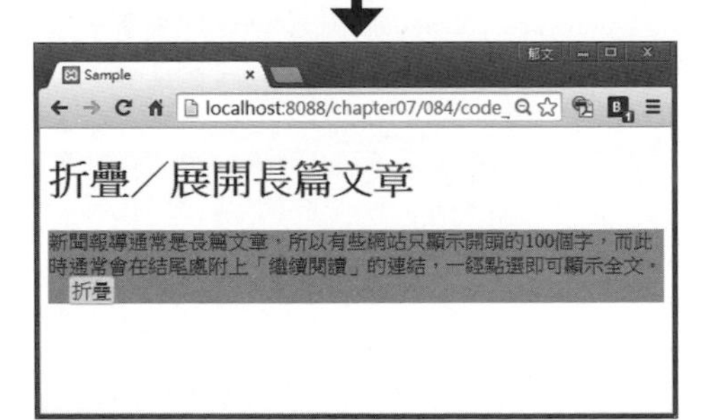

ONEPOINT　折疊／展開段落的外掛套件「jQuery More」

「jQuery More」是可以折疊／展開長篇文章的外掛套件。使用方法非常簡單，只需要對要折疊的段落元素呼叫「more()」方法即可。不過只有這樣的設定仍無法直接顯示「繼續閱讀」的中文字樣，必須利用下列表格內的選項設定顯示的中文字才行。

■ 可指定的選項

選項	說明
length	顯示的字元數；以「ellipsisText」指定的省略文字也包含在此字元數內
leeway	容許顯示的字元數
wordBreak	單字是否隔開
toggle	是否交互處理展開／折疊
ellipsisText	指定折疊時的字元
moreText	指定展開的字元或是HTML元素
lessText	指定折疊的字元或是HTML元素
onChange	指定展開或折疊時呼叫的事件處理器；將代表目前是否為展開狀態的參數傳遞給事件處理器；「true[代表已展開，「false」代表已折疊

MEMO

085 將標題轉換成導覽列做為側邊選單

外掛套件名稱	Jump To
外掛套件版本	1
URL	https://github.com/peachananr/jumpto

本單元要介紹的是將標題轉換成導覽列做為側邊選單效果的外掛套件。

●HTML語法（index.html）

```
<!DOCTYPE html>
<html>
  <head>
    <meta charset="utf-8">
    <title>Sample</title>
    <link rel="stylesheet" href="css/jumpto.css">
    <style>
      .page_container, .other {
        width: 200px;
        margin: 20px auto;
      }
      p { width: 480px; height: 200px; background-color: #ddd; }
    </style>
    <script src="http://ajax.googleapis.com/ajax/libs/jquery/2.1.1/jquery.min.js">
      </script>
    <script src="js/jquery.jumpto.min.js"></script>
    <script src="js/sample.js"></script>
  </head>
  <body>
    <h1>Header轉換成導覽列</h1>
    <div class="page_container">
      <div class="jumpto-block">
        <h2>關於jQuery</h2>
          <p>說明···</p>
          <h3>執行$()</h3>
            <p>說明···</p>
          <h3>執行外掛套件</h3>
            <p>說明···</p>
            <h4>製作外掛套件</h4>
              <p>說明···</p>
      </div>
      <div class="jumpto-block">
        <h2>關於jQuery UI</h2>
          <p>說明···</p>
          <h3>UI的重要性</h3>
            <p>說明···</p>
```

```
        <h3>預設的組件</h3>
          <p>說明・・・</p>
          <h4>使用滑桿</h4>
            <p>說明・・・</p>
    </div>
    <div class="jumpto-block">
      <h2>關於jQuery Mobile</h2>
        <p>說明・・・</p>
        <h3>智慧型手機的崛起</h3>
          <p>說明・・・</p>
            <h4>iPhone與Android的差異</h4>
              <p>說明・・・</p>
            <h4>求同存異</h4>
              <p>說明・・・</p>
    </div>
  </div>
 </body>
</html>
```

●**JavaScript語法（sample.js）**

```
$(function(){
  // 將指定的元素轉換成導覽列
  $(".page_container").jumpto({
    // 指定導覽列的標題
    showTitle : "- 目　次 -",
    // 指定導覽列標題的大小
    firstLevel: "> h2",
    secondLevel: "> h3",
    // 指定包裝的CSS類別
    innerWrapper: ".jumpto-block",
    // 顯示關閉按鈕
    closeButton: true,
    // 指定上方的留白
    anchorTopPadding: 20,
  });
});
```

頁面中的標題元素將轉換成導覽列，並於頁面左側顯示。

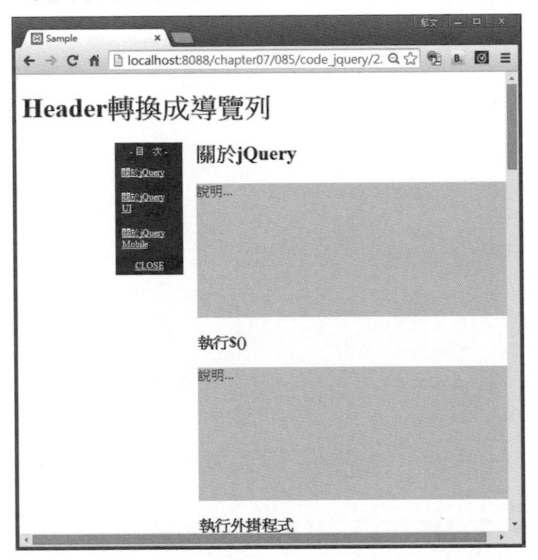

捲動頁面時，導覽列的內容將隨著顯示的標題改變。

點選導覽列內的文字，將移動至對應的標題位置。

MEMO

ONEPOINT 能自動建立導覽列，並將導覽列轉換成側邊選單的外掛套件「Jump To」

「Jump To」是能自動將標題元素轉換成導覽列，並將導覽列設定為側邊選單的外掛套件。Jump To可由下列的HTML所構成。

```
<div class="page_container">
  <div class="jumpto-block"><!--(1) -->
    <h2>標題1</h2>
    <h3>標題2</h3>
</div><!--(2) -->

<!-- 視標題數量重覆(1) ~ (2)的內容 -->
</div>
```

完成HTML的設定之後，需要在指令檔中設定「$(".page_container").jumpto()」。「jumpto()」方法也可以指定下列表格內的選項。

■ 可指定的選項

選項	說明
firstLevel	指定第一層標題的大小；若要指定為h2，可以「">h2"」的方式指定
secondLevel	是否於導覽列內顯示一個階層底下的等級；若要顯示可指定為「true」
innerWrapper	指定包裝標題區塊的CSS類別
offset	指定開始捲動的位移
animate	指定捲動的速度；可利用jQuery的「"slow"」或「200」指定毫秒
anchorTopPadding	指定留白
showTitle	指定導覽列的標題
closeButton	指定是否顯示關閉按鈕
navContainer	指定是否自行建立導覽列容器；預設值為「false」，代表自動建立

086 滑動顯示頁面

外掛套件名稱	Liquid Slider 2
外掛套件版本	2.3.8
URL	http://liquidslider.com

本單元要介紹的是解說滑動顯示頁面的外掛套件。

●HTML語法（index.html）

```
<!DOCTYPE html>
<html>
  <head>
    <meta charset="utf-8">
    <title>Sample</title>
    <link rel="stylesheet" href="css/animate.css">
    <link rel="stylesheet" href="css/liquid-slider.css">
    <style>
      #container { width: 520px; }
    </style>
    <script src="http://ajax.googleapis.com/ajax/libs/jquery/2.0.3/jquery.min.js">
      </script>
    <script src="js/jquery.easing.1.3.js"></script>
    <script src="js/jquery.touchSwipe.min.js"></script>
    <script src="js/jquery.liquid-slider.min.js"></script>
    <script src="js/sample.js"></script>
  </head>
  <body>
    <h1>滑動顯示頁面</h1>
    <div id="container">
  <div id="mySlide" class="liquid-slider">
    <div>
      <h2 class="title">頁面1</h2>
      這是頁面1，也是第一頁
    </div>
    <div>
      <h2 class="title">頁面2</h2>
      這是頁面2。
    </div>
    <div>
      <h2 class="title">頁面3</h2>
      這是頁面3。
    </div>
    <div>
```

```
      <h2 class="title">頁面4</h2>
      這是頁面4，也是最後一頁
        </div>
      </div>
    </div>
  </body>
</html>
```

●**JavaScript語法（sample.js）**

```
$(function(){
  // 以指定的元素為對象
  $("#mySlide").liquidSlider({
    // 指定最先顯示的面板
    firstPanelToLoad : 2
  });
});
```

顯示第2個頁籤／頁面。

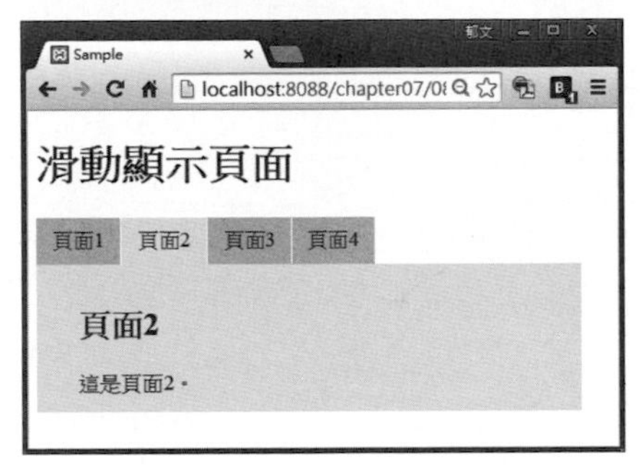

ONEPOINT　可滑動顯示頁面的「Liquid Slider 2」

「Liquid Slider 2」是能夠滑動顯示以頁籤構成的頁面（內容）的外掛套件。Liquid Slider 2可由下列HTML構成。容納頁面的「div」元素必須先指定ID名稱。此外，若做為頁籤使用的標題過多，將統整在畫面右側以單一選單的方式顯示。

```
<div id="mySlide" class="liquid-slider">
  <div><!-- (1) -->
    <h2 class="title">頁面1</h2>
    這是頁面1，也是第一張頁面。
  </div> <!-- (2) -->
    :
<!-- 視頁籤／頁面的數量重覆(1) ~ (2)的內容 -->
  :
</div>
```

HTML的設定完成後，可以在指令檔中對容納頁面的「div」元素呼叫「liquidSlider()」方法。「liquidSlider()」方法還可以指定下列表格內的選項。此外，不指定任何選項時也可順利執行。

■ 可指定的選項

選項	說明
firstPanelToLoad	指定最初顯示的頁籤／頁面編號；「1」代表第一個頁籤編號
hashLinking	是否啟用「#」指定的連結（編號／方向）

MEMO

087 進入Viewport時顯示元素

外掛套件名稱	onScreen
外掛套件版本	0.1.0
URL	http://sliverstrech.github.io/onScreen/

本單元要介紹的是一進入Viewport時就會顯示元素的外掛套件。

●**HTML語法（index.html）**

```
<!DOCTYPE html>
<html>
  <head>
    <meta charset="utf-8">
    <title>Sample</title>
    <style>
      .lazy { opacity: 0.15 }
    </style>
    <script src="http://ajax.googleapis.com/ajax/libs/jquery/2.1.1/jquery.min.js">
      </script>
    <script src="js/jquery.onscreen.min.js"></script>
    <script src="js/sample.js"></script>
  </head>
  <body>
    <h1>進入Viewport時顯示</h1>
    <ol>
      <li><img src="images/1.jpg" width="640" height="427" class="lazy"></li>
      <li><img src="images/2.jpg" width="640" height="427" class="lazy"></li>
      <li><img src="images/3.jpg" width="640" height="427" class="lazy"></li>
      <li><img src="images/4.jpg" width="640" height="427" class="lazy"></li>
      <li><img src="images/5.jpg" width="640" height="427" class="lazy"></li>
    </ol>
  </body>
</html>
```

●**SAMPLEE CODE：JavaScript語法（sample.js）**

```
$(function(){
  // 以CSS的lazy類別為對象
  $(".lazy").onScreen({
    // 淡入顯示
    doIn: function() {
      $(this).animate({
        "opacity" : 1.0
      }, 2000);
    },
```

```
    // 淡出
    doOut: function() {
  $(this).animate({
    "opacity" : 0.15
      }, 2000);
    }
  });
});
```

開啟瀏覽器將顯示頁面。頁面捲動時，圖片就會淡入顯示。超出頁面外的圖片將會套用淡出效果。

ONEPOINT　在Viewport範圍內／外執行不同處理的外掛套件「onScreen」

「onScreen」是當元素進入／離開Viewport（頁面顯示範圍）時，執行不同處理的外掛套件。onScreen主要是對要執行處理的元素呼叫「onScreen()」方法。當元素進入Viewport時呼叫「doIn」選項指定的函數，並且在函數內執行特效處理。相同的，若是當元素離開Viewport時呼叫「doOut」選項指定的函數。

「onScreen()」方法還可另外指定下列表格內的選項。

■ 可指定的選項

選項	說明
container	指定容器；預設值為「window」物件
direction	方向；預設值為「vertical」
toggleClass	切換的類別名稱（toggle switch）
doIn	指定元素於頁面內顯示時呼叫的函數
doOut	指定元素於頁面外顯示時呼叫的函數
tolerance	畫面範圍的容許值
throttle	計時器的值
lazyAttr	屬性
lazyPlaceholder	佔位標示符號
debug	除錯模式

MEMO

088 讓元素如紙張般折疊

外掛套件名稱	OriDomi
外掛套件版本	1.1.5
URL	http://oridomi.com

本單元要介紹的是讓元素如紙張般折疊的外掛套件。

●HTML語法（index.html）

```
<!DOCTYPE html>
<html>
  <head>
    <meta charset="utf-8">
    <title>Sample</title>
    <style>
      .paper {
        width: 480px;
        height: 270px;
        background-image: url("images/1.jpg");
        color: #fff;
        font-size: 48pt;
        font-weight: bold;
        text-align: center;
      }
    </style>
    <script src="http://ajax.googleapis.com/ajax/libs/jquery/2.0.3/jquery.min.js">
      </script>
    <script src="js/oridomi.min.js"></script>
    <script src="js/sample.js"></script>
  </head>
  <body>
    <h1>折疊元素</h1>
    <div class="paper">
      <p>國寶　松本城</p>
    </div>
  </body>
</html>
```

●JavaScript語法（sample.js）

```
$(function(){
  // 指定折疊的元素
  $(".paper").oriDomi({
    // 垂直分割成15等分
    vPanels : 15,
```

```
    //套用陰影效果
    shading : true
  });
});
```

瀏覽器時啟動將顯示圖片與文字。在圖片或文字上方按住滑鼠左鍵，可以將圖片往左拖曳。

圖片將會向左折疊。若是向右拖曳，則回復原本的狀態。

ONEPOINT　可折疊元素的外掛套件「OriDomi」

「OriDomi」是可折疊元素的外掛套件。使用這套外掛套件時，可以對要折疊的元素呼叫「oriDomi()」方法。「oriDomi()」方法亦可額外指定選項，但不指定時也能正常執行。這次介紹示範的是折疊背景圖片，但也可折疊一般的「img」元素。即便折疊的元素包含文字或圖片也可正常執行。此外，也可透過指令檔折疊元素。

「oriDomi()」方法可指定的選項請參考下列表格。

■ 可指定的主要選項

選項	說明
speed	以毫秒為單位，指定折疊速度
ripple	漣漪特效
shadingIntesity	套用陰影效果時的亮度
perspective	3D 視點
maxAngle	折痕的最大角度
shading	陰影形狀

089 顯示自動移到頁面頂端的按鈕或連結

外掛套件名稱	ScrollUp
外掛套件版本	2.4.0
URL	http://markgoodyear.com/2013/01/scrollup-jquery-plugin/

本單元要介紹的是顯示自動移往頁面頂端的按鈕或連結的外掛套件。

●**HTML語法（index.html）**

```
<!DOCTYPE html>
<html>
  <head>
    <meta charset="utf-8">
    <title>Sample</title>
    <link rel="stylesheet" href="css/themes/tab.css">
    <style>
      p { width : 320px; height: 400px; border: 2px solid gray; }
    </style>
    <script src="http://ajax.googleapis.com/ajax/libs/jquery/2.1.1/jquery.min.js">
      </script>
    <script src="js/jquery.easing.min.js"></script>
    <script src="js/jquery.scrollUp.min.js"></script>
    <script src="js/sample.js"></script>
  </head>
  <body>
    <h1>自動新增回到頁面頂端的連結</h1>
    <p>捲動頁面之後，就會自動在頁面下方新增回到頁面頂端的連結</p>
    <p>預設了許多種類的連結與按鈕形狀</p>
    <p>位於頁面頂端將不顯示任何連結或按鈕</p>
  </body>
</html>
```

●**JavaScript語法（sample.js）**

```
$(function(){
  // 初始化scrollUp外掛套件
  $.scrollUp({
    // 設定回到頁面頂端的文字
    scrollText : "回到頁面起始處"
  });
});
```

位於頁面頂端時，畫面右下角不會顯示往上捲至頂端的按鈕或連結。

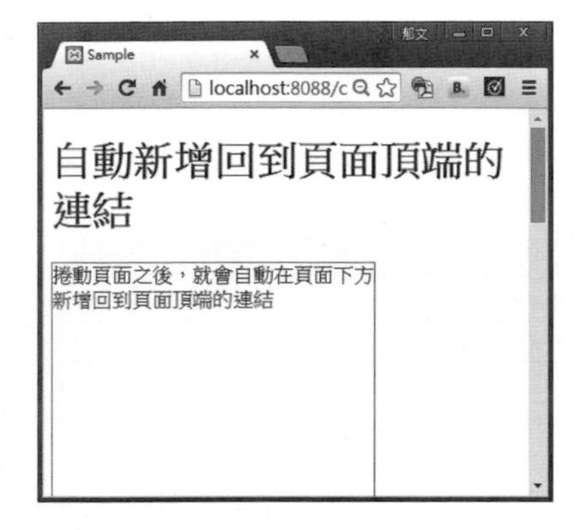

將頁面往下捲動，畫面右下角將會顯示回到頂端的按鈕、連結。點選連結會回到頁面頂端。

ONEPOINT　能自動新增回到頁面頂端的外掛套件「ScrollUp」

瀏覽直式長頁面時，若是能在頁面往下捲動時，新增回到頁面頂端的按鈕就會很方便。而這次介紹的，就是能自動新增回到頁面頂端的按鈕或連結的外掛套件「ScrollUp」。預設了下列表格內的按鈕與連結，只需要匯入相對的CSS檔案即可使用。

CSS的種類	說明
image.css	圖片按鈕
link.css	文字連結
pill.css	圓角按鈕
tab.css	從下方出現的頁籤

匯入CSS檔案之後，在指令檔中執行「$.scrollUp()」即可自動新增按鈕。按鈕的位置必須在CSS中設定。按鈕內的文字則可於「scrollUp()」方法的選項指定。「scrollUp()」方法可指定的選項請參考下列表格。

■ 可指定的選項

選項	說明
scrollName	指定顯示按鈕、連結的內容的ID名稱
topDistance	指定與顯示按鈕、連結的頁面頂端距離
topSpeed	以毫秒為單位指定回到頁面開頭時間
easingType	指定特效的動作；可指定的動作請參考以下內容
animation	指定顯示按鈕、連結的特效；可指定為「"fade"」、「"slide"」、「"none"」其中一個字串
animationInSpeed	指定顯示的速度
animationOutSpeed	指定消失的速度
scrollText	指定按鈕內的連結文字
scrollTitle	指定於按鈕顯示的「a」元素的「title」屬性字串
scrollImg	指定是否使用圖片；「true」為指定
activeOverlay	指定代表按鈕捲動位置的線段的顏色；顏色名稱需以半形空白輸入
zIndex	指定按鈕、連結的Z座標；預設值為「2147483647」

「easingType」選項可指定的字串如下。

- easeInSine
- easeOutSine
- easeInOutSine
- easeInQuad
- easeOutQuad
- easeInOutQuad
- easeInCubic
- easeOutCubic
- easeInOutCubic
- easeInQuart
- easeOutQuart
- easeInOutQuart
- easeInQuint
- easeOutQuint
- easeInOutQuint
- easeInExpo
- easeOutExpo
- easeInOutExpo
- easeInCirc
- easeOutCirc
- easeInOutCirc
- easeInBack
- easeOutBack
- easeInOutBack
- easeInElastic
- easeOutElastic
- easeInOutElastic
- easeInBounce
- easeOutBounce
- easeInOutBounce

此外，具體的動作示意表請參考下列的URL。

URL http://easings.net/ja

090 依每個區塊分割頁面

外掛套件名稱	simplePagination.js
外掛套件版本	1.6
URL	http://flaviusmatis.github.io/simplePagination.js/

本單元要介紹的是依每個區塊分割頁面的外掛套件。

●HTML語法（index.html）

```
<!DOCTYPE html>
<html>
  <head>
    <meta charset="utf-8">
    <title>Sample</title>
    <link rel="stylesheet" href="css/simplePagination.css">
    <script src="http://ajax.googleapis.com/ajax/libs/jquery/2.0.3/jquery.min.js">
      </script>
    <script src="js/jquery.simplePagination.js"></script>
    <script src="js/sample.js"></script>
  </head>
  <body>
    <h1>分割頁面</h1>
    <div id="textblock"></div>
    <p id="p1" class="pageblock">
      【第1頁】這是第起始頁面。文章若是太長無法於瀏覽器的一個頁面中顯示時，分成數頁 ↵
        比較容易顯示。
    </p>
    <p id="p2" class="pageblock">
      【第2頁】要將頁面分割時，也可以將內容分割成數個HTML檔案，但將使連線匯入頁面時 ↵
        降低效能。
    </p>
    <p id="p3" class="pageblock">
      【第3頁】於是這時候派上用場的就是頁面管理外掛套件。這裡使用的也是分割頁面的 ↵
        頁面管理程式。
    </p>
  </body>
</html>
```

●JavaScript語法（sample.js）

```
$(function(){
  // 於指定元素內顯示文字
  $("#textblock").pagination({
    // 頁面數量
    items : 3,
    // 一次顯示的頁面數量
    itemsOnPage : 1,
    // 一開始顯示的頁面數
    currentPage : 2,
    // 顯示頁面編號的區塊的CSS
    cssStyle: "compact-theme",
    // 於頁面編號使用的ID開頭處附加的文字
    hrefTextPrefix : "#p",
    // 回到前頁按鈕內的文字
    prevText : "回上一頁",
    // 回到下頁按鈕內的文字
    nextText : "往下一頁",
    // 按鈕點選後的處理
    onPageClick : function(num){
      // 隱藏所有頁面區塊
      $(".pageblock").hide();
      // 顯示點選後的頁面
      $("#p"+num).show();
        },
        // 初始化處理
        onInit : function(){
      // 隱藏所有頁面區塊
      $(".pageblock").hide();
      // 顯示currentPage指定的頁面
      $("#p"+(this.currentPage+1)).show();
    }
  });
});
```

顯示第 2 頁的區塊。顯示頁面編號的導覽列也會顯示第 2 頁。

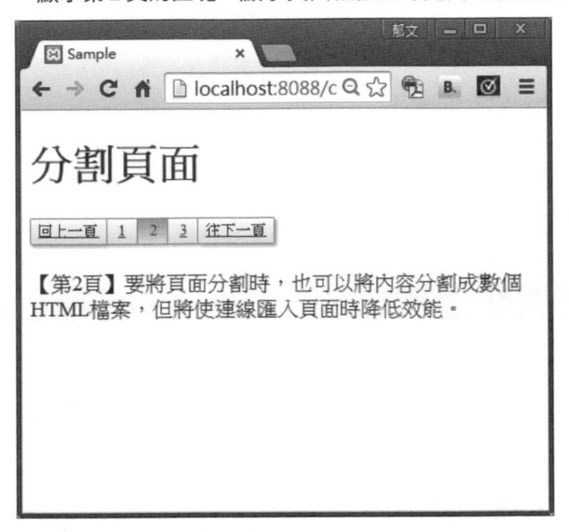

點選導覽列內的頁面編號，將會顯示指定的頁面。

ONEPOINT　依每個區塊分割頁面的外掛套件「simplePgaination.js」

「simplePgaination.js」是能依照每個區塊分割頁面的頁面管理外掛套件。它只能顯示與指定區塊對應的元素，若沒有另加指令檔處理，就無法只顯示特定的頁面。要透過simplePgaination.js顯示特定頁面時，必須先將不顯示的頁面設定為隱藏（display:none），接著再指定導覽列被點選時呼叫的事件處理器，然後在該事件處理器中進行頁面的顯示／隱藏處理。

此外，導覽列的文字是英文，若要顯示中文時，必須於下列表格內的選項進行設定。

■ 可指定的選項

選項	說明
items	頁面總數
itemsOnPage	一次顯示的所有頁面數
pages	頁面編號
displayedPages	一次顯示的所有頁面數；預設值為「3」
edges	於導覽列開頭與結尾顯示的頁面數
currentPage	最早顯示的第一個頁面的編號
hrefTextPrefix	於頁面區塊ID屬性開頭新增的字串；預設值為「"#page-"」
hrefTextSuffix	於頁面區塊ID屬性結尾新增的字串；預設值為空白字元
prevText	代表回上一頁按鈕的文字
nextText	代表往下一頁按鈕的文字
labelMap	頁面標籤
cssStyle	導覽列的樣式
selectOnClick	導覽列被點選後是否執行處理；預設值為「true」
onPageClick	指定導覽列被點選後呼叫的事件處理器；可將要顯示的頁面的編號傳遞給事件處理器
onInit	指定於初始化時呼叫的事件處理器

此外，jQuery 2.x版可能會發生無法正常執行的問題，建議使用1.x版（10.0.2以上）的版本。

091 依頁面捲動量改變CSS設定

外掛套件名稱	skrollr
外掛套件版本	0.6.26
URL	https://github.com/Prinzhorn/skrollr

本單元要介紹的是依頁面捲動量改變CSS設定的外掛套件。

●HTML語法（index.html）

```
<!DOCTYPE html>
<html>
  <head>
    <meta charset="utf-8">
    <title>Sample</title>
    <style>
      h1 { position: fixed; left: 10px; top: 10px; }
      #content { width : 320px; height: 800px; border: 1px solid red; }
    </style>
    <script src="http://ajax.googleapis.com/ajax/libs/jquery/2.0.3/jquery.min.js">
      </script>
    <script src="js/skrollr.min.js"></script>
    <script src="js/sample.js"></script>
  </head>
  <body>
    <h1><img src="images/leaf.png" data-0="transform:rotate(0deg);" ↵
      data-end="transform:rotate(360deg);">依捲動位置改變背景色</h1>
    <div id="content" data-0="background-color:rgb(255, 255, 0);" ↵
      data-200="background-color:rgb(0,0,255);" ↵
      data-400="background-color:rgb(0,255,0);"> ↵
      一旦捲動頁面，背景色將隨之改變。</div>
  </body>
</html>
```

●JavaScript語法（sample.js）

```
$(function(){
  // 初始化skrollr外掛套件
  skrollr.init();
});
```

skrollr

當頁面向下捲動時，元素的背景色會跟著改變，標題的圖片也會旋轉。

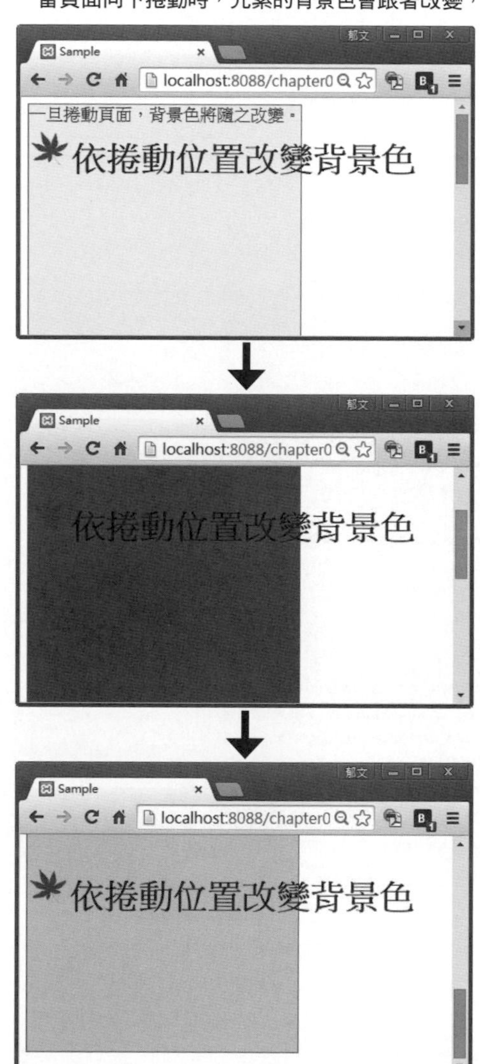

ONEPOINT　依照捲動量改變CSS設定的外掛套件「skrollr」

「skrollr」是依照捲動量改變CSS設定的外掛套件。原理與依照捲動量控制背景移動量的視差捲動是相同的，主要是利用HTML5的「data」來改變CSS的設定。「data」屬性可如下列表格的方式指定。

■「data」屬性

屬性	說明
data-0	捲動量為0px；「data-100」代表捲動量為100px，也能指定為負數；若要指定為負數，可指定為「data-100」
data-start	捲動的起始位置，與「data-0」的意義相同
data-end	捲動的結束位置

可以在想要改變CSS設定的元素內，依照需要的數量撰寫「data」屬性。意思就是能同時指定「data-0="～」、「data-200="～」、「data-end="～」。透過CSS屬性的靈活操作，就能夠指定各種不同的視覺效果。

■ 可指定的選項

選項	說明
smoothScrolling	是否能平滑地捲動；預設值為「true」
smoothScrollingDuration	以毫秒為單位指定平滑變化的時間
constants	以「名稱:值」的格式，讓名稱與「data-名稱="值」對應
scale	比例；預設值為「1」，代表100%
forceHeight	是否強制調整高度；預設值為「true」，代表強制調整
mobileCheck	回傳是否為行動環境的事件處理器；若回傳「true」代表是
mobileDeceleration	行動環境下的減速值；預設值為「1」
edgeStrategy	捲動位置若位於特效範圍外該執行何種處理；為「"set"」、「"ease"」、「"reset"」其中一個字串
beforerender	指定畫面更新前的處理函數
render	指定畫面更新時的處理函數
easing	指定特效的動作

092 平滑地捲動頁面

外掛套件名稱	smoothScroll
外掛套件版本	0.3.5
URL	http://2inc.org/blog/2012/02/14/1233/

本單元要介紹的是能平滑地捲動頁面的外掛套件。

●HTML語法（index.html）

```
<!DOCTYPE html>
<html>
  <head>
    <meta charset="utf-8">
    <title>Sample</title>
    <style>
      .box { background-color:#ddd; height: 300px; }
    </style>
    <script src="http://ajax.googleapis.com/ajax/libs/jquery/2.1.1/jquery.min.js">
      </script>
    <script src="js/jquery.smoothScroll.js"></script>
    <script src="js/sample.js"></script>
  </head>
  <body>
    <h1>讓頁面捲動至指定位置</h1>
    <ul id="top">
      <li><a href="#p1">往第1個區塊</a></li>
      <li><a href="#p2">往第2個區塊</a></li>
      <li><a href="#p3">往第3個區塊</a></li>
      <li><a href="#p4">往第4個區塊</a></li>
    </ul>
    <p id="p1" class="box">【1】這是第1個區塊。</p>
    <p id="p2" class="box">【2】這是第2個區塊。</p>
    <p id="p3" class="box">【3】這是第3個區塊。<a href="#top">前往Top</a></p>
    <p id="p4" class="box">【4】這是第4個區塊。<a href="#top">前往Top</a></p>
  </body>
</html>
```

點選連結。

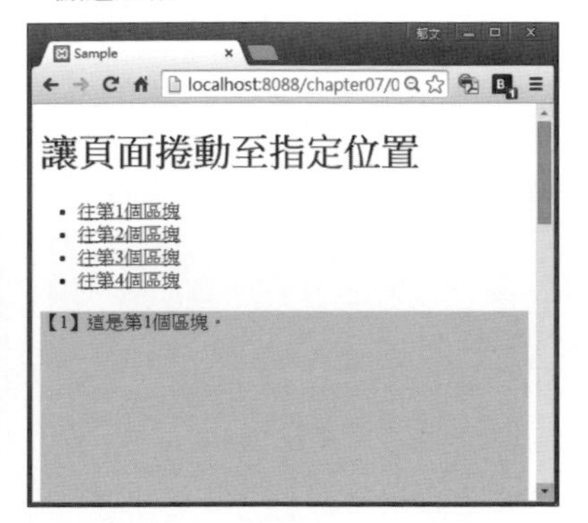

頁面平滑地向下捲動。

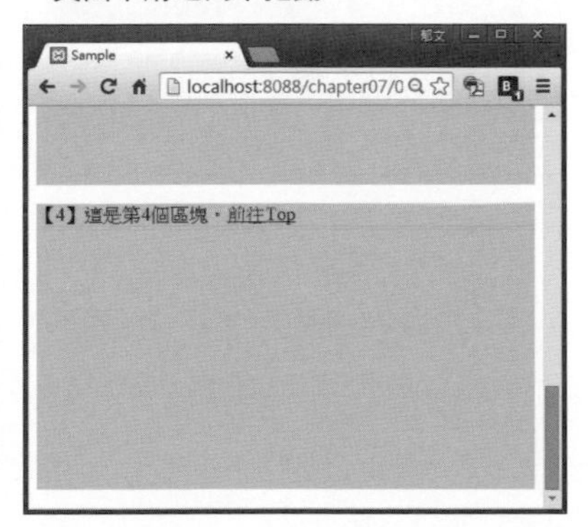

點選「前往Top」就會平滑地捲動至頁面開頭處。

ONEPOINT　不需指令檔就能平滑地捲動頁面的外掛套件「smoothScroll」

使用smoothScroll之後，當點選錨點（頁面內部連結）時，頁面將平滑地捲動至對應的位置。這套外掛套件只需要匯入指令檔即可使用，不需要特別修正HTML的內容。

smoothScroll可指定透過指令檔捲動頁面的時間與動作，只需要利用下列的語法即可完成指定。

```
jQuery(function($) {
  $('a[hrefA="#"]').SmoothScroll({
    duration:2000,
    easing:"easeOutQuint"
  });
});
```

■ 可指定的選項

選項	說明
duration	以毫秒為單位，指定開始捲動之前的時間
easing	指定動作；動作可由公佈於「http://gsgd.co.uk/sandbox/jquery/easing/」中的字串指定

MEMO

093 可動態調整的格狀版面

外掛套件名稱	vgrid
外掛套件版本	v0.1.11
URL	http://blog.xlune.com/2009/09/jqueryvgrid.html

本單元要介紹的是可動態調整格狀版面的外掛套件。

●HTML 語法（index.html）

```
<!DOCTYPE html>
<html>
  <head>
    <meta charset="utf-8">
    <title>Sample</title>
    <style>
      #grid-content {
        border: 1px solid gray;
      }
      #grid-content div {
        width: 150px;
        border: 2px solid cyan;
        background-color: black;
        color: white;
        padding : 4px;
        margin: 2px;
      }
    </style>
    <script src="http://ajax.googleapis.com/ajax/libs/jquery/2.1.1/jquery.min.js">
      </script>
    <script src="js/jquery.vgrid.min.js"></script>
    <script src="js/sample.js"></script>
  </head>
  <body>
    <h1>可動態調整的格狀版面</h1>
    <div id="grid-content">
      <div>
        <h2>No. 1</h2>
        <p>區塊　01</p>
      </div>
      <div>
        <h2>No. 2</h2>
        <p>區塊　02</p>
        <p>這裡是2號區塊。自動依照父元素的大小調整版面。</p>
      </div>
```

vgrid

```
      <div>
        <h2>No. 3</h2>
          <p>區塊　03</p>
            <p>這裡是3號區塊。自動依照父元素的大小調整版面。版本將依照文章這類元素 ↵
              的容器大小自動調整尺寸。</p>
      </div>
      <div>
        <h2>No. 4</h2>
        <p>區塊　04</p>
      </div>
      <div>
        <h2>No. 5</h2>
        <p>區塊　05</p>
      </div>
      <div>
        <h2>No. 6</h2>
        <p>區塊　06</p>
        <p>這裡是7號區塊。</p>
      </div>
      <div>
        <h2>No. 7</h2>
        <p>區塊　07</p>
      </div>

  </body>
</html>
```

●**JavaScript語法（sample.js）**

```
$(function(){
  // 設定格狀版面處理
  $("#grid-content").vgrid({
    // 設定淡入處理
    fadeIn: {
      // 單一區塊淡入的時間
      time: 2000,
      // 下個區塊開始淡入的時間
      delay: 500
    }
  });
});
```

格狀版面將隨著容器的大小調整。區塊顯示時將套用淡入處理。

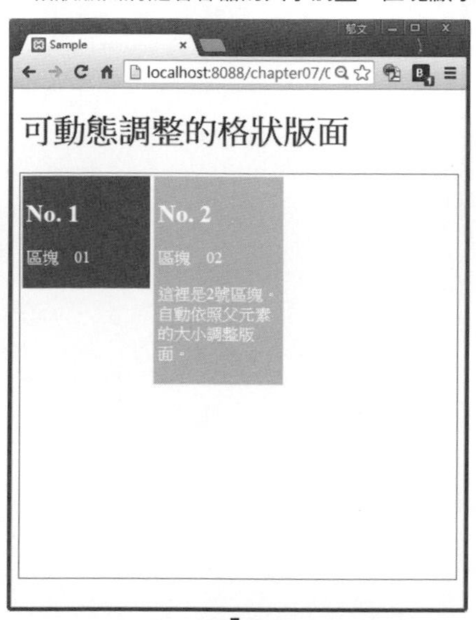

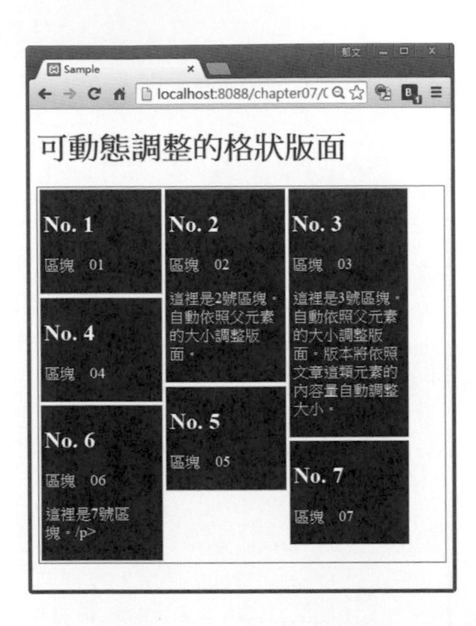

若父元素的尺寸改變時，區塊也將重新配置。

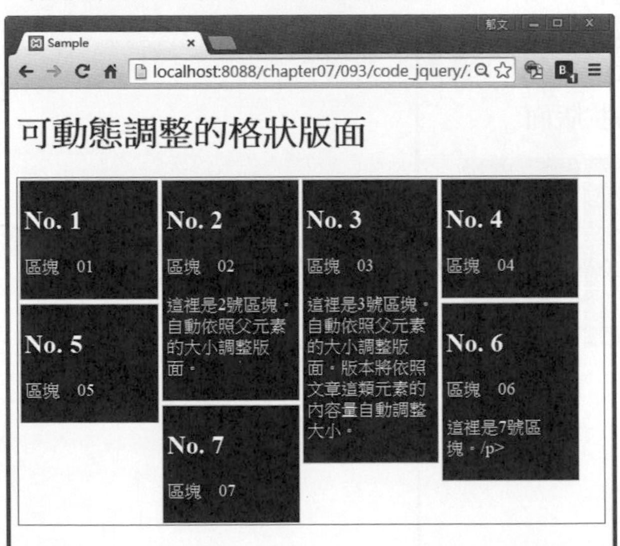

ONEPOINT 可動態調整格狀版面的外掛套件「vgrid」

「vgrid」是可依照父元素的尺寸動態調整格狀版面的外掛套件。使用方法是建立一個包含格狀版面所有元素的元素，再對該元素呼叫「vgrid()」方法。「vgrid()」方法還可以指定下列表格內的選項。

■ 可指定的選項

選項	說明
easing	指定動作；必須先匯入與jQuery Easing Plugin有關的指令檔
time	指定單一區塊淡入的時間
delay	指定下個區塊淡入之前的時間
wait	指定等待
fadeIn	套用淡入處理；可指定為「time」、「delay」、「wait」選項
onStart	指定區塊開始顯示時呼叫的函數
onFinish	指定區塊結束顯示時呼叫的函數
useLoadImageEvent	將圖片匯入格狀版面時觸發的事件；預設值為「true」
useFontSizeListener	於文字大小變更時觸發的事件；預設值「true」

此外，要進行加減速處理就必須先匯入jQuery Easing Plugin。

● **jQuery Easing Plugin**

URL http://gsgd.co.uk/sandbox/jquery/easing/

MEMO

MEMO

CHAPTER 08

文字

094 沿曲線配置文字

外掛套件名稱	Circle Type
外掛套件版本	0.36
URL	http://circletype.labwire.ca

本單元要介紹的是沿曲線配置文字的外掛套件。

●**HTML語法（index.html）**

```
<!DOCTYPE html>
<html>
  <head>
    <meta charset="utf-8">
    <title>Sample</title>
    <style>
      #content { line-height: 10em; }
    </style>
    <script src="http://ajax.googleapis.com/ajax/libs/jquery/2.0.3/jquery.min.js">
      </script>
    <script src="js/circletype.min.js"></script>
    <script src="js/jquery.lettering.js"></script>
    <script src="js/jquery.fittext.js"></script>
    <script src="js/sample.js"></script>
  </head>
  <body>
    <h1>沿曲線配置文字</h1>
    <h2 id="content">這是jQuery Circle Type的範例。</h2>
  </body>
</html>
```

●**JavaScript語法（sample.js）**

```
$(function(){
  // 沿曲線配置特定元素內的文字
  $("#content").circleType({
    // 指定圓的半徑
    radius : 400,
    // 以75%的比例沿曲線配置
    dir : 0.75,
    // 依照圓形的變形量重新計算文字的位置
    fluid : true
  });
});
```

沿曲線配置元素內的文字。

由於「fluid」選項設定為「true」，所以當視窗的大小有所改變時，文字的位置也會跟著改變。

ONEPOINT　沿曲線或圓形配置文字的外掛套件「Circle Type」

「Circle Type」是能夠沿曲線或圓形配置文字的外掛套件。使用之前必須先對含有文字的元素，以樣式表的「line-height」設定行距。而文字的位置也將隨著行距改變。完成元素的樣式表設定後，再對該元素呼叫「circleType()」方法。若沒有另外設定選項，文字將沿著圓形配置。

若想要調整圓形的半徑，可利用下列表格內的選項進行設定。

■ 可指定的選項

選項	說明
radius	圓形的半徑
dir	以多少比例將文字配置成圓形；若指定為「-1」，文字將沿著反向的曲線配置
fluid	視窗或元素的尺寸改變時，是否重新配置文字；「true」代表重新配置
fitText	使用「FitText.js」函式庫的時可指定此選項；指定為「true」代表文字大小將隨著元素的大小改變

MEMO

095 依照元素大小調整文字

外掛套件名稱	FitText
外掛套件版本	1.2.0
URL	http://fittextjs.com/

本單元要介紹的是依照元素大小調整文字的外掛套件。

●HTML語法（index.html）

```
<!DOCTYPE html>
<html>
  <head>
    <meta charset="utf-8">
    <title>Sample</title>
    <style>
      div { font-size: 16pt; }
    </style>
    <script src="http://ajax.googleapis.com/ajax/libs/jquery/2.0.3/jquery.min.js">
        </script>
    <script src="js/jquery.fittext.js"></script>
    <script src="js/sample.js"></script>
  </head>
  <body>
    <h1>依照元素尺寸調整文字</h1>
    <div class="responsive">這是調整尺寸的文字範圍</div>
    <div>這裡的文字大小不會調整。</div>
  </body>
</html>
```

●JavaScript語法（sample.js）

```
$(function(){
  // 以指定的CSS類別為調整對象
  $(".responsive").fitText(3, {
    // 將最小字級設定為12pt
    minFontSize: "12pt",
    // 將最大字級設定為64pt
    maxFontSize: "64pt"
  });
});
```

文字將隨著視窗大小調整。

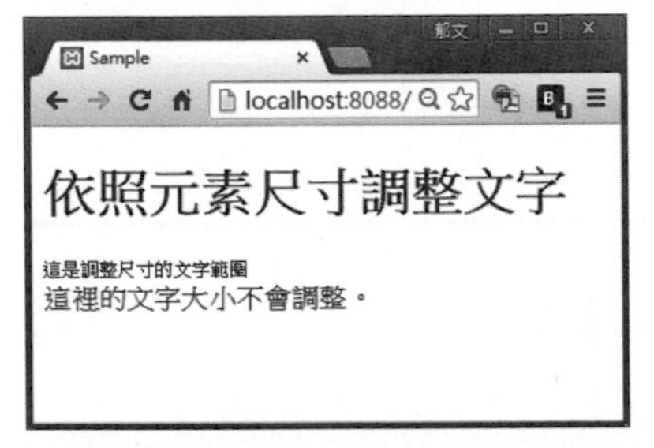

若是視窗大小有所改變時，文字的大小也將對應調整。

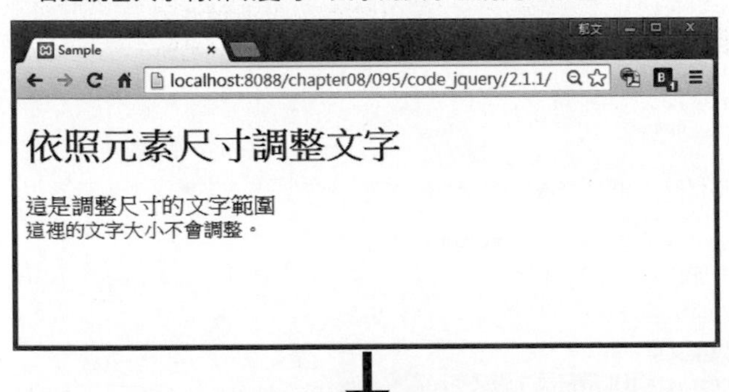

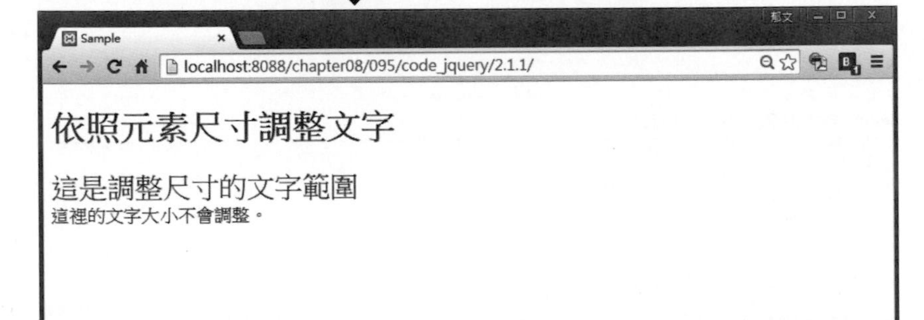

ONEPOINT　依照視窗大小調整文字大小的外掛套件「FitText」

「FitText」是能依照視窗或元素大小調整文字大小的外掛套件。使用之前必須先建立包含文字的元素，接著對該元素呼叫「fitText()」方法。第一個參數可指定縮放倍率。「1.0」代表等倍縮放，此參數的值越大文字越小，值越小則文字越放大。

此外，文字的縮放極限可以由「fitText()」方法的第二個參數指定。此參數可指定為「12pt」或「4em」這種帶有單位的數值。可指定的單位則依據CSS的規範。可指定的選項請參考下列表格。

■ 可指定的選項

選項	說明
minFontSize	指定最小字級
maxFontSize	指定最大字級

MEMO

即時限制輸入格式

外掛套件名稱	formatter.js
外掛套件版本	0.1.5
URL	http://firstopinion.github.io/formatter.js/

本單元要介紹的是可即時限制輸入格式的外掛套件。

●HTML語法（index.html）

```
<!DOCTYPE html>
<html>
  <head>
    <meta charset="utf-8">
    <title>Sample</title>
    <script src="http://ajax.googleapis.com/ajax/libs/jquery/2.1.1/jquery.min.js">
        </script>
    <script src="js/jquery.formatter.min.js"></script>
    <script src="js/sample.js"></script>
  </head>
  <body>
    <h1>確認卡片編號</h1>
    <form>
      姓名：<input type="text" id="cardName" size="24"><br>
      編號：<input type="text" id="cardNumber" size="24">
    </form>
  </body>
</html>
```

●JavaScript語法（sample.js）

```
$(function(){
  // 確認是否為信用卡的編號格式
  $("#cardNumber").formatter({
    // 確認xxxx-xxxx-xxxx-xxxx格式
    pattern : "{{9999}}-{{9999}}-{{9999}}-{{9999}}",
    // 事先輸入預設字元
    persistent : true
  });
});
```

信用卡編號的欄位已預先輸入固定格式的數值。

輸入文字時，只能夠依照格式輸入。

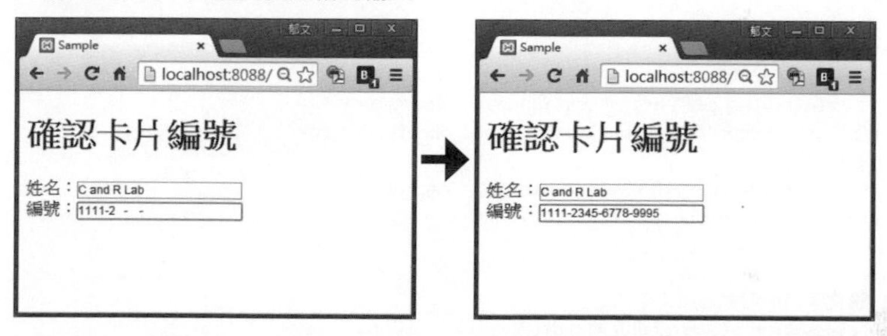

ONEPOINT　即時限制輸入格式的外掛套件「formatter.js」

「formatter.js」是能即時限制輸入格式的外掛套件。可即時限制於文字欄位輸入的文字格式，例如輸入信用卡號碼時，就只能輸入指定位數的數值。

使用之前，可對要限制輸入格式的文字欄位呼叫「formatter()」方法。此外，這套外掛套件只能限制輸入數值、英文與英數字。這些字元的輸入模式可透過「{{00}}」的語法於「pattern」選項指定。「{{00}}」代表只能輸入二位數的數值。

可透過formatter.js指定的選項如下。

■ 可指定的選項

選項	說明
pattern	指定輸入限制模式的字串；「0」代表只能輸入數值，「a」代表只能輸入英文(大小寫均可)、「*」則只能輸入英數字，模式可由「{{ ～ }}」的語法指定
persistent	屬於「pattern」選項定義的字串，指定是否顯示固定的文字；「true」代表顯示

097 讓文字隨機滑動

外掛套件名稱	funnyText.js
外掛套件版本	0.3 Beta
URL	https://github.com/alvarotrigo/funnyText.js

本單元要介紹的是讓文字隨機滑動的外掛套件。

●**HTML語法（index.html）**

```
<!DOCTYPE html>
<html>
  <head>
    <meta charset="utf-8">
    <title>Sample</title>
    <link rel="stylesheet" href="css/jquery.funnyText.css">
    <script src="http://ajax.googleapis.com/ajax/libs/jquery/2.1.1/jquery.min.js">
        </script>
    <script src="js/jquery.funnyText.min.js"></script>
    <script src="js/sample.js"></script>
  </head>
  <body>
    <h1>讓文字隨機滑動</h1>
    <div class="fun">C&amp;R研究所</div>
  </body>
</html>
```

●**JavaScript語法（sample.js）**

```
$(function(){
  // 以具有fun類別的元素的文字為對象
  $(".fun").funnyText({
    // 指定特效速度
    speed : 100,
    // 指定文字大小
    fontSize : "3em",
    // 指定套用在文字的特效方向
    direction : "both",
    // 指定文字外框色
    borderColor : "orange",
    // 指定文字顏色
    color : "green",
    // 指定文字外框填色
    activeColor : "#000"
  });
});
```

當文字滑動時，將產生不同的變化。

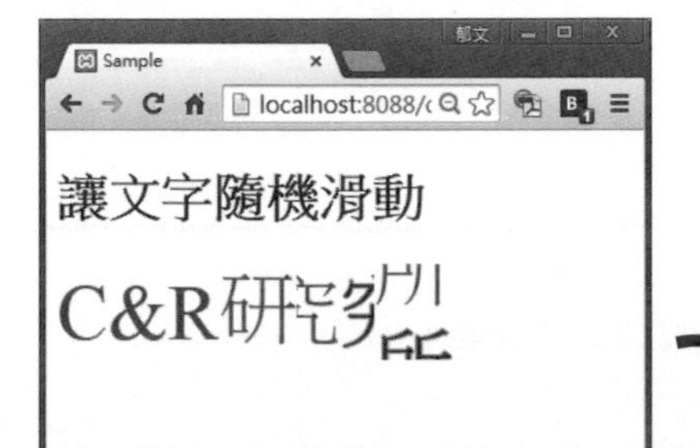

ONEPOINT　讓文字套用滑動特效的外掛套件「funnyText.js」

「funnyText.js」是以單一字元為單位套用滑動特效的外掛套件。可以讓單一字元套用於原地上下或左右滑動的特效，而不需要特別設定HTML。

在指令檔當中對要套用文字滑動特效的元素呼叫「funnyText()」方法即可執行，並且不需要替「funnyText()」方法指定任何選項，不過「funnyText()」方法也可指定下列表格內的選項。

■ 可指定的選項

選項	說明
speed	指定特效速度
borderColor	指定文字外框色
activeColor	指定文字外框填色
color	指定文字顏色
fontSize	指定字級
direction	指定文字滑動方向；可指定為「"both"」、「"horizontal"」、「"vertical"」其中一個字串

098 自動將文字內的網址轉換成URL

外掛套件名稱	Linkify
外掛套件版本	1.1
URL	http://soapbox.github.io/jQueery-linkify/

本單元要介紹的是自動將文字內的網址轉換成URL的外掛套件。

●HTML語法（index.html）

```
<!DOCTYPE html>
<html>
  <head>
    <meta charset="utf-8">
    <title>Sample</title>
    <script src="http://ajax.googleapis.com/ajax/libs/jquery/2.0.3/jquery.min.js">
        </script>
    <script src="js/jquery.linkify.min.js"></script>
    <script src="js/sample.js"></script>
  </head>
  <body>
    <h1>自動轉換URL</h1>
    <p class="autoLink">若提到知名搜尋網站，就絕對少不了Google。↵
      (http://www.google.co.jp)<br>
    這是作者的網站http://www.openspc2.org/。</p>
  </body>
</html>
```

●JavaScript語法（sample.js）

```
$(window).on("load", function(){
  $(".autoLink").linkify();
});
```

一旦匯入頁面時，就會自動將文字內的URL產生連結。

ONEPOINT　將http開頭的字串自動轉換成URL的外掛套件

「Linkify」是將文字內的網址自動轉換成URL的外掛套件。可以將特定元素內的網址轉換成URL，而不需要複雜的指定，只需要在匯入頁面之後呼叫「linkify()」方法。此外，「linkify()」方法的第一個參數還可指定下列表格內的選項。

■ 可指定的選項

選項	說明
tagName	轉換成URL的元素；預設值為「a」元素
target	轉換成URL時，指定賦予「a」元素的「target」屬性的文字；預設值為「"_blink"」
newLine	取代「br」元素的文字；預設值為「"\n"」
linkClass	透過Linkify轉換為URL時設定的CSS類別名稱；預設值為「null」
linkAttributes	透過Linkify轉換為URL時設定的「a」元素的屬性；預設值為「null」

099 將部分文字塗黑

外掛套件名稱	jQuery Monta-method
外掛套件版本	無
URL	http://www.kaoriya.net/blog/2013/11/07/

本單元要介紹的是能將部分文字塗黑的外掛套件。

●HTML語法（index.html）

```
<!DOCTYPE html>
<html>
  <head>
    <meta charset="utf-8">
    <title>Sample</title>
    <script src="http://ajax.googleapis.com/ajax/libs/jquery/2.1.1/jquery.min.js">
        </script>
    <script src="js/jquery-monta.js"></script>
    <script src="js/sample.js"></script>
  </head>
  <body>
    <h1 class="responsive">將文字塗黑</h1>
    <p>
      今天下午三點，居住於市內的<span class="black">喬治（14 ）</span> ↵
        不小心犯下<span class="black">刺傷雞隻</span>的事件。<br>
    </p>
  </body>
</html>
```

●JavaScript語法（sample.js）

```
$(function(){
  // 將指定CSS類別的文字做為塗黑的對象
  $(".black").monta();
});
```

將在樣式表中被「black」類別包圍的文字塗黑。

ONEPOINT　可將文字塗黑的外掛套件「jQuery Monta-method」

「jQuery Monta-method」是可將重要事項塗黑的外掛套件。要將文字塗黑時，必須先以「span」元素括住文字，接著再對該元素呼叫「monta()」方法。

若點選被塗黑的文字，就會浮現底下的文字。此外，jQuery Monta-method這套外掛套件沒有任何可設定的選項。

COLUMN　以Zepto.js執行

若希望以Zepto.js這類jQuery相容函式庫執行這項功能時，必須在匯入Zepto.js檔案之後，輸入下列的HTML與程式碼。

```
<script>
  jQuery = $;
</script>
```

之後只要匯入函式庫檔案即可執行。

100 依照元素尺寸調整文字

外掛套件名稱	Responsive Text
外掛套件版本	無
URL	https://github.com/ghepting/jquery-responsive-text

本單元要介紹的是讓文字依照元素尺寸調整的外掛套件。

●HTML 語法（index.html）

```
<!DOCTYPE html>
<html>
  <head>
    <meta charset="utf-8">
    <title>Sample</title>
    <script src="http://ajax.googleapis.com/ajax/libs/jquery/2.1.1/jquery.min.js">
        </script>
    <script src="js/jquery.responsiveText.js"></script>
    <script src="js/sample.js"></script>
  </head>
  <body>
    <h1 class="responsive">依照元素尺寸調整文字</h1>
    <div class="responsive" data-compression="20" data-min="10" data-max="30"> ↵
      這是會對應調整的文字區域</div>
    <div>這裡的文字不會調整。</div>
    <div class="responsive" data-compression="8" data-scrollable="1" ↵
      data-scrollspeed="1000" data-scrollreset="500">這裡的文字雖然會調整，↵
      但滑鼠移入後，文字將顯示於畫面中。</div>
  </body>
</html>
```

●JavaScript 語法（sample.js）

```
$(function(){
  // 以特定CSS類別的文字為調整對象
  $(".responsive").responsiveText();
});
```

文字將隨著視窗尺寸調整。

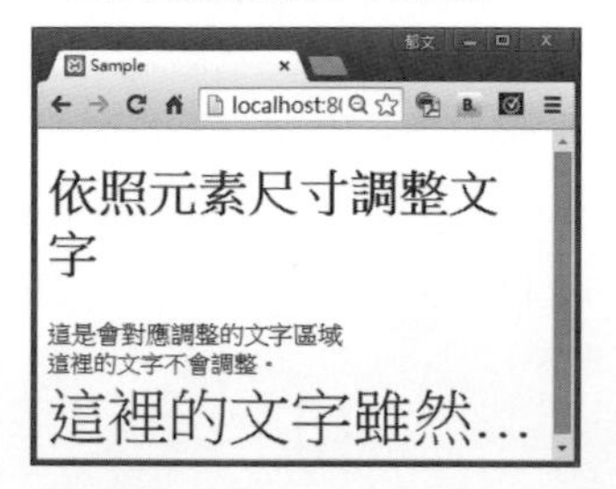

視窗尺寸改變時，文字的也會對應調整。

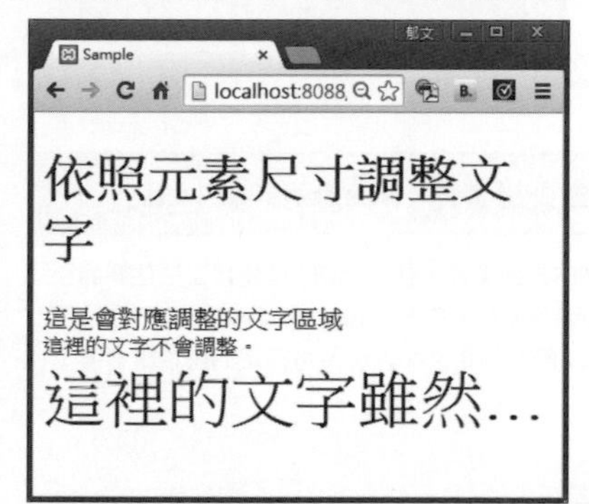

當滑鼠移入溢出的文字時，文字將會捲動顯示。

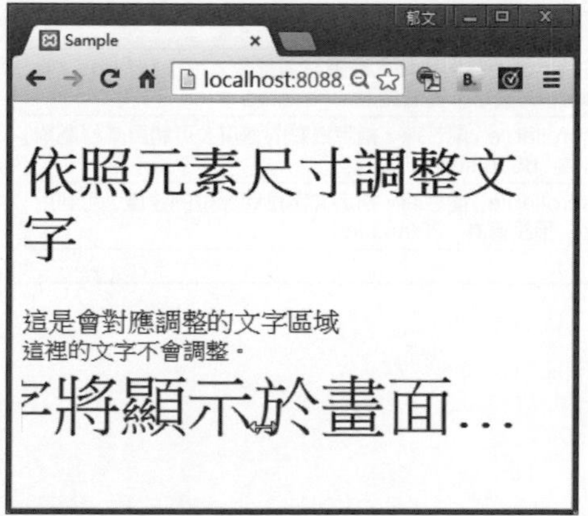

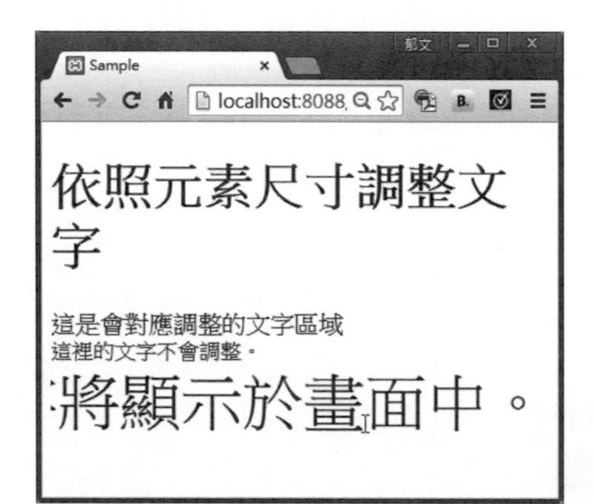

ONEPOINT　可依照元素尺寸調整文字的外掛套件「Responsive Text」

「Responsive Text」是可依照元素尺寸調整文字的外掛套件。使用之前，可先建立括住要調整尺寸的文字的元素，接著對該元素呼叫「responsiveText()」方法。「responsiveText()」方法沒有可指定的選項，所以必須透過HTML5的「data」屬性指定文字大小。可指定的屬性請參考下列表格。

■ 可指定的「data」屬性

「data」屬性	說明
data-compression	文字大小的調整值；值越大則文字越小
data-min	最小的字級
data-max	最大的字級
data-scrollable	當文字超出視窗時，是否在滑鼠移入時讓文字捲動；指定為「true」或「1」這類非「false」的文字都將會捲動
data-scrollspeed	於啟用「data-scrollable」屬性時，指定捲動的速度，可利用毫秒為單位指定；預設值為「650msec」
data-scrollreset	於啟用「data-scrollable」屬性時，指定文字捲回原位的速度，可利用毫秒為單位指定；預設值為「200msec」

101 將數字轉換成七節式的液晶樣式

外掛套件名稱	sevenSeg.js
外掛套件版本	0.2.0
URL	http://brandonlwhite.github.io/sevenSeg.js/

本單元要介紹的是將數字轉換成七節式的液晶樣式外掛套件。

●**HTML語法(index.html)**

```
<!DOCTYPE html>
<html>
  <head>
    <meta charset="utf-8">
    <title>Sample</title>
    <style>
      #time { width: 500px; height: 150px; }
    </style>
    <script src="http://ajax.googleapis.com/ajax/libs/jquery/2.1.1/jquery.min.js">
        </script>
    <script src="http://ajax.googleapis.com/ajax/libs/jqueryui/1.11.2/ ↵
      jquery-ui.min.js">
        </script>
    <script src="http://ajax.aspnetcdn.com/ajax/knockout/knockout-2.2.1.js"></script>
    <script src="js/sevenSeg.js"></script>
    <script src="js/sample.js"></script>
  </head>
  <body>
    <h1>轉換成七節式的液晶樣式</h1>
    <div id="time"></div>
  </body>
</html>
```

●**JavaScript語法(sample.js)**

```
$(function(){
  setInterval(function(){
    // 取得目前的秒數與毫秒
    var dateObj = new Date();
    var sec = dateObj.getSeconds();
    var msec = dateObj.getMilliseconds();
    var timeStr = sec+"."+msec;
    // 將文字(SVG)輸出至指定的元素
    $("#time").sevenSeg({
  // 設定為5位數
  digits : 5,
```

sevenSeg.js

```
    // 指定顯示的數值
    value : timeStr,
    // 消失部分的液晶節線顏色
    colorOff : "#003310",
    // 顯示部分的液晶節線顏色
    colorOn : "#22dd22"
      });
    }, 30);
  });
```

液晶樣式的數字會隨著目前秒數即時顯示。

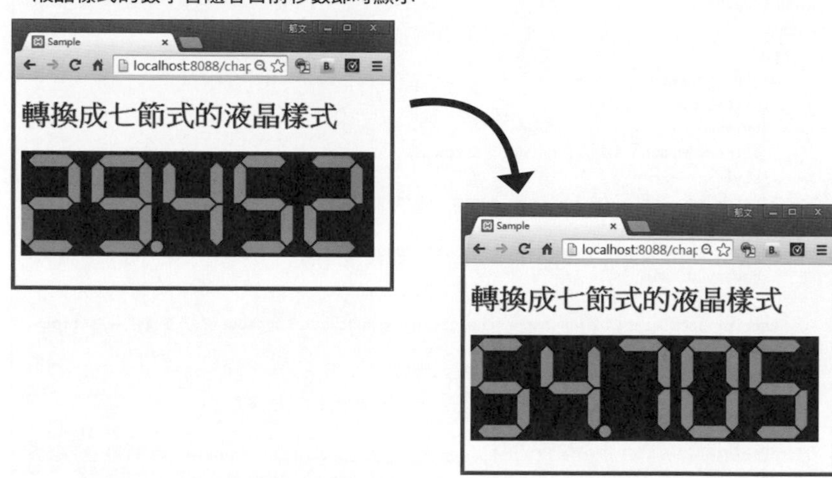

由於使用的是SVG格式，不管如何是小尺寸或大尺寸，都能顯示清晰的數值。

ONEPOINT 將數值轉換成七節式的液晶樣式外掛套件「sevenSeg.js」

「sevenSeg.js」是將數值轉換成七節式的液晶樣式外掛套件。顯示的數值為SVG格式，也就是向量格式。因此不論尺寸如何變化，都能顯示清晰的數值。

HTML的部分需先以「div」元素建立顯示區域，再對該「div」元素呼叫「sevenSeg()」方法。若要顯示數值時，必須先設定「value」選項。其它還有下列表格內的選項可供指定。

■ 可指定的選項

選項	說明
digits	指定位數
value	數值；可指定為正數、負數與小數點
colorOff	指定消失部分的液晶色
colorOn	指定顯示部分的液晶色
slant	指定文字的傾斜角度

102 指定文字的動態特效

外掛套件名稱	Textillate.js
外掛套件版本	0.3.2
URL	http://jschr.github.io/textillate/

本單元要介紹的是指定文字動態特效的外掛套件。

●HTML語法（index.html）

```
<!DOCTYPE html>
<html>
  <head>
    <meta charset="utf-8">
    <title>Sample</title>
    <link rel="stylesheet" href="css/animate.css">
    <script src="http://ajax.googleapis.com/ajax/libs/jquery/2.1.1/jquery.min.js">
        </script>
    <script src="js/jquery.lettering.js"></script>
    <script src="js/jquery.textillate.js"></script>
    <script src="js/sample.js"></script>
  </head>
  <body>
    <h1>以隨機的動態特效顯示文字</h1>
    <div class="tlt">本書刊載了許多jQuery相關資訊。</div>
    <div class="tlt">古 一浩 + C&amp;R研究所</div>
  </body>
</html>
```

●JavaScript語法（sample.js）

```
$(function(){
  // 以具有tlt類別的元素的文字為對象
  $(".tlt").textillate({
    // 無限重覆
    loop : true,
    // 自動播放
    autoStart: true,
    // 播放動畫特效的設定
    in : {
  // 指定特效種類
  effect : "rollIn",
  // 非同步移動文字
  sync : false,
```

```
    //動畫特效的時間遞延
    delay: 500
      }
    });
  });
```

文字將從左側開始旋轉並移動。

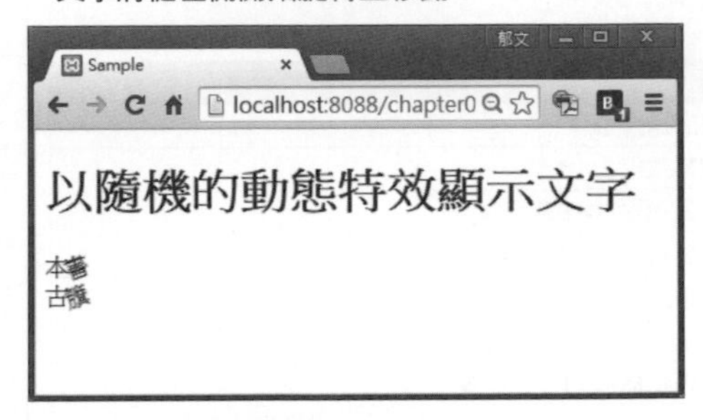

當文字顯示後，將旋轉並向下墜落。

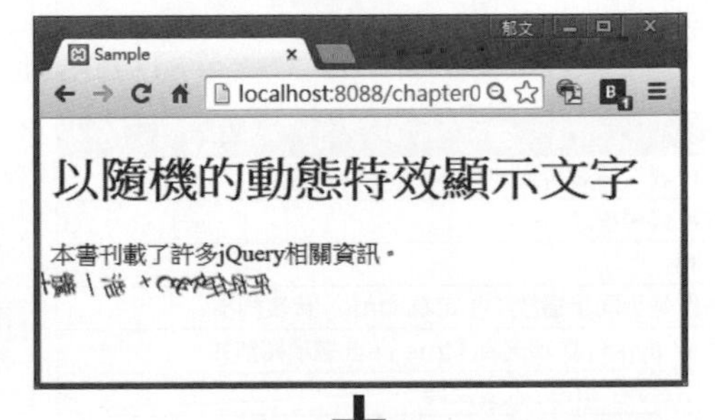

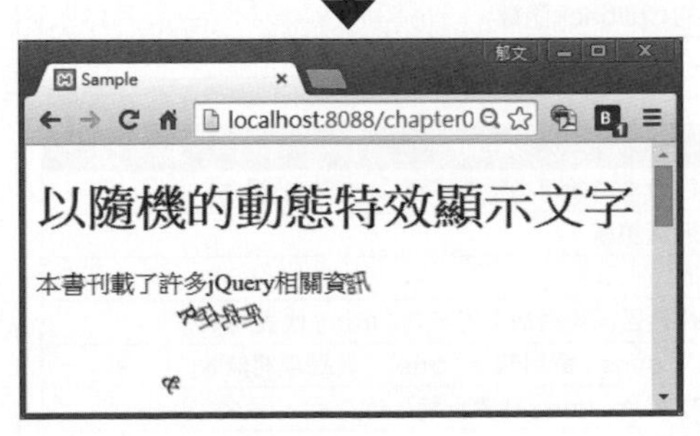

ONEPOINT　指定顯示與消失時的特效的外掛套件「Textillate.js」

「Textillate.js」是於文字顯示與消失時套用不同特效的外掛套件，預設了許多不同的動畫特效，可以為文字指定不同的動作。

在指令檔對要套用動畫特效的元素呼叫「textillate()」方法即可執行，不需要特別指定選項。「textillate()」方法也可指定下列表格內的選項。

■ 可指定的選項

選項	說明
selector	指定執行文字特效的選擇器
loop	指定是否重覆播放特效
minDisplayTime	以毫秒為單位指定最短播放時間
initialDelay	以毫秒指定首次播放特效之前的時間
autoStart	指定是否自動播放特效；「true」代表自動播放
inEffects	以陣列指定文字顯示時播放的自訂特效
outEffects	以陣列指定文字消失時播放的自訂特效
in	指定文字顯示時的選項（請參考『設定開始動畫特效選項』表格）
out	指定文字消失時的選項（請參考『設定結束動畫特效選項』表格）
callback	指定特效結束時呼叫的函數

■ 設定開始特效選項

選項	說明
effect	指定文字顯示時的特效；特效可指定為下頁In表格的動作
delayScale	指定文字顯示時的延遲規模
delay	以毫秒指定延遲時間
sync	指定所有文字的動作是否同步播放；指定為「true」代表同步
shuffle	指定是否隨機顯示；「sync」選項若為「true」，此選項將無效
reverse	是否讓動作反轉；指定為「true」代表反轉
callback	於特效結束時呼叫的Callback函數

■ 設定結束特效選項

選項	說明
effect	指定文字消失時的特效；特效可指定為下頁Out表格的動作
delayScale	指定文字消失時的延遲規模
delay	以毫秒指定延遲時間
sync	指定所有文字的動作是否同步播放；指定為「true」代表同步
shuffle	指定是否隨機顯示；「sync」選項若為「true」，此選項將無效
reverse	是否讓動作反轉；指定為「true」代表反轉
callback	於特效結束時呼叫的Callback函數

各種In特效如下：

- flash
- bounce
- shake
- tada
- swing
- wobble
- pulse
- filp
- flipInX
- flipInY
- fadeIn
- fadeInUp
- fadeInDown
- fadeInLeft
- fadeInRight
- fadeInUpBig
- fadeInDownBig
- fadeinLeftBig
- fadeInRightBig
- bounceIn
- bounceInDown
- bounceInUp
- bounceInLeft
- bounceInRight
- rotateIn
- rotateInDownLeft
- rotateInDownRight
- rotateInUpLeft
- rotateInUpRight
- rollIn

各種Out特效如下：

- flash
- bounce
- shake
- tada
- swing
- wobble
- pulse
- filp
- flipOutX
- flipOutY
- fadeOut
- fadeOutUp
- fadeOutDown
- fadeOutLeft
- fadeOutRight
- fadeOutUpBig
- fadeOutDownBig
- fadeOutLeftBig
- fadeOutRightBig
- bounceOut
- bounceOutDown
- bounccOutUp
- bounceOutLeft
- bounceOutRight
- rotateOut
- rotateOutDownLeft
- rotateOutDownRight
- rotateOutUpLeft
- rotateOutUpRight
- hinge
- rollOut

103 指定文字輸入（打字）特效

外掛套件名稱	t.js
外掛套件版本	0.5
URL	http://mn.tn/dev/t.js/

本單元要介紹的是文字輸入（打字）特效。

●**HTML語法（index.html）**

```
<!DOCTYPE html>
<html>
  <head>
    <meta charset="utf-8">
    <title>Sample</title>
    <style>
      del, ins { text-decoration: none; }
    </style>
    <script src="http://ajax.googleapis.com/ajax/libs/jquery/2.1.1/jquery.min.js">
        </script>
    <script src="js/t.min.js"></script>
    <script src="js/sample.js"></script>
  </head>
  <body>
    <h1>重現打字過程</h1>
    <div id="myText">本書介紹了許多有關jQuery<del>函式庫</del>的使用方法。</div>
  </body>
</html>
```

●**JavaScript語法（sample.js）**

```
$(function(){
  // 以ID名稱為myText的文字為對象
  $("#myText").t({
    // 指定打字速度
    speed : 100
  });
});
```

文字將如打字般逐字顯示。指定了「del」元素的文字將在顯示之後刪除。

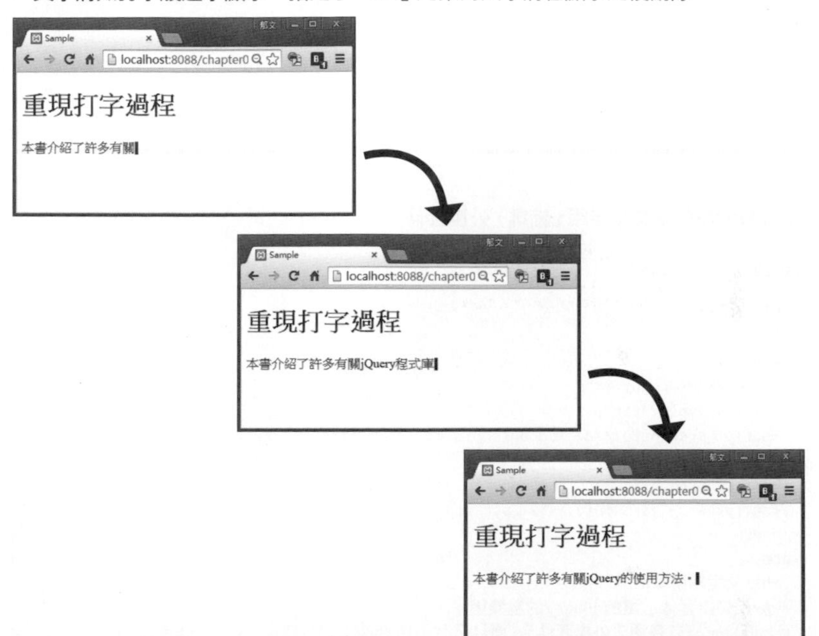

ONEPOINT 重現顯示打字特效的外掛套件「t.js」

「t.js」是重現打字特效的外掛套件，使用之前必須先在HTML建立要顯示的文字，接著再對文字的元素呼叫「t()」方法，不需額外指定選項也可正常執行。若想要指定輸入速度或重覆播放次數，則可透過「t()」方法的選項指定。可指定的選項請參考下列表格。

■ 可指定的主要選項

選項	說明
speed	打字速度(毫秒)
delay	開始播放特效之前的等待時間(秒數)
caret	是否顯示游標(脫字符號)
blink	游標(脫字符號)是否閃爍；「true」為閃爍
locale	鍵盤格式(「en」或「de」)
repeat	重覆播放次數

104 文字字距（縮排）

外掛套件名稱	jQuery.Kerning.js
外掛套件版本	1.1.0
URL	http://karappoinc.github.io/jquery.kerning.js/

本單元要介紹的是文字字距（縮排）外掛套件。

●HTML語法（index.html）

```
<!DOCTYPE html>
<html>
  <head>
    <meta charset="utf-8">
    <title>Sample</title>
    <script src="http://ajax.googleapis.com/ajax/libs/jquery/2.1.1/jquery.min.js">
        </script>
    <script src="js/jquery.kerning.min.js"></script>
    <script src="js/sample.js"></script>
  </head>
  <body>
    <h1>文字縮排</h1>
    <p>「外掛套件」屬於jQuery的重要因子。<br>
      jQuery擁有各種「外掛套件」、而且這些外掛套件可同時使用。</p>
    <p class="ktext">「外掛套件」屬於jQuery的重要因子。<br>
      jQuery擁有各種「外掛套件」、而且這些外掛套件可同時使用。</p>
  </body>
</html>
```

●JavaScript語法（sample.js）

```
$(function(){
  // 標點符號的縮排
  $(".ktext").kerning();
});
```

上半部段落是未設定縮排的結果，下半部段落則是只有標點符號縮排的結果。

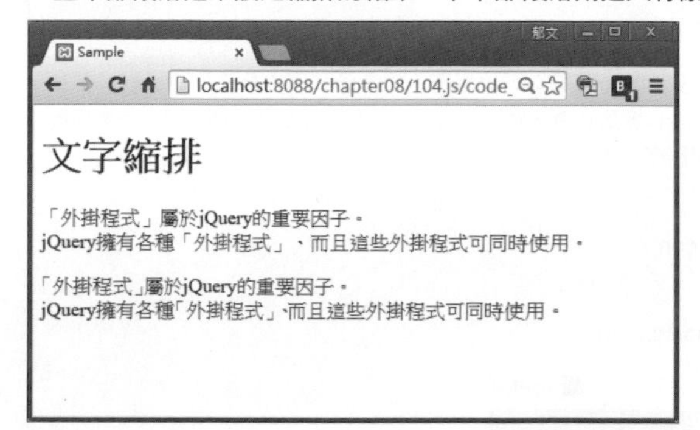

ONEPOINT　調整文字間距的外掛套件「jQuery.Kerning.js」

瀏覽器顯示文字的方式與印刷品的編排方式不同，無法調整字距。有時「(」或『「』、句逗號與文字之間的間距會較寬，若要調整這種間距時，可使用jQuery.Kerning.js。

這套程式只需要對要套用縮排的元素呼叫「kerning()」方法即可。也可進行更為細膩的字距調整，不過需要以下載檔案中的「korningdala-template.json」檔案為範本來調整字距，然後將這些資料內容指定給「kerning()」方法的第一個參數。若已經想要儲存設定完成的資料，可以將「kerning()」方法的第二個參數指定為「true」。若要刪除設定完成的空白資料，則可以將「"destroy"」字串指定給「kerning()」方法的第一個參數。

MEMO

ONEPOINT　圖表函式庫

要在頁面顯示圖表時，有許多不同的函式庫可以選擇，許多函式庫也是使用jQuery，例如jqPlot（參考419頁）或Highcharts就是其中一例。其他還有功能豐富的函式庫，但若是要用於商業用途，則必須注意相關使用規範與費用。

- **jqPlot**

URL http://www.jqplot.com/

- **Highcharts**

URL http://www.highcharts.com/

■ jqPlot

■ Hightcharts

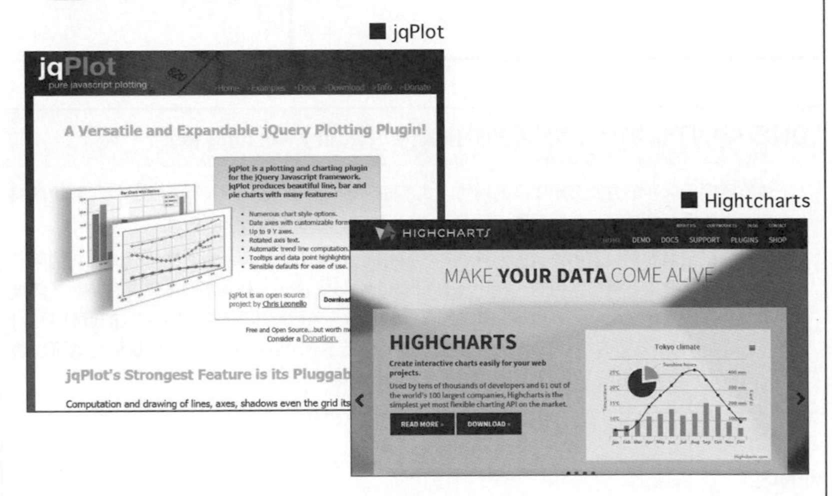

不使用jQuery的圖表函式庫也增加不少。想是GoogleCharts這套圖表函式庫不僅可顯示各種圖表，還能套用動畫特效。

- **Google Charts**

URL https://developers.google.com/chart/

此外，若想進行webGl這種高階圖表＆動畫與資料處理時，可花點心思學習D3.js。某些圖表函式庫也使用了D3.js。

- **D3.js**

URL http://d3js.org/

CHAPTER 09
選單

105 顯示巨型選單

外掛套件名稱	Accessible Mega Menu
外掛套件版本	0.1
URL	http://adobe-accessiblity.github.io/Accessible-Mega-Menu/

本單元要介紹的是顯示巨型選單的外掛套件。

●HTML語法（index.html）

```
<!DOCTYPE html>
<html>
  <head>
    <meta charset="utf-8">
    <title>Sample</title>
    <link rel="stylesheet" href="css/megamenu.css">
    <style>
    { margin: 0; padding: 0; }
    .nav-menu {
      display: block;
      position: relative;
      list-style: none;
      background-color: #ddd;
    }
    .nav-item { list-style: none; display: inline-block; }
    .nav-item > a {
      position: relative;
      display: inline-block;
      padding: 0.5em 1em;
      margin: 0 0 -1px 0;
      border: 1px solid transparent;
      background-color: #333;
      color: white;
      text-decoration : none;
    }
    .nav-item > a.open { background-color: #888; }
    .sub-nav {
      position: absolute;
      display: none;
      top: 2.6em;
      margin-top: -8px;
      padding: 0.5em 1em;
      border: 1px solid #999;
      background-color: #ff9;
    }
```

```
    .sub-nav.open { display: block; }
    .sub-nav ul {
      display: inline-block;
      vertical-align: top;
      margin: 0 1em 0 0;
    }
    .sub-nav li { display: block; list-style-type: none; }
    </style>
    <script src="http://ajax.googleapis.com/ajax/libs/jquery/2.1.1/jquery.min.js">
      </script>
    <script src="js/jquery-accessibleMegaMenu.js"></script>
    <script src="js/sample.js"></script>
  </head>
  <body>
    <h1>巨型選單</h1>
    <nav>
      <ul class="nav-menu">
        <li class="nav-item">
          <a href="#">印刷</a>
          <div class="sub-nav">
            <ul class="sub-nav-group">
              <li><a href="#p1">InDesign</a></li>
              <li><a href="#p2">QuarkXpress</a></li>
              <li><a href="#p3">Page Maker</a></li>
            </ul>
            <ul class="sub-nav-group">
              <li><a href="#p4">Frame Maker</a></li>
              <li><a href="#p5">EDIColor</a></li>
            </ul>
            <ul class="sub-nav-group">
              <li><a href="#p6">Photoshop</a></li>
              <li><a href="#p7">Illustrator</a></li>
            </ul>
          </div>
        </li>
        <li class="nav-item">
          <a href="#">影像</a>
          <div class="sub-nav">
            <ul class="sub-nav-group">
              <li><a href="#p8">FinalCut Pro X</a></li>
              <li><a href="#p9">Premiere</a></li>
            </ul>
            <ul class="sub-nav-group">
              <li><a href="#p10">AfterEffects</a></li>
            </ul>
          </div>
        </li>
```

```
        </ul>
      </nav>
    </body>
</html>
```

●**JavaScript語法（sample.js）**

```
$(function(){
  // 將第一個nav元素轉換成選單
  $("nav:first").accessibleMegaMenu({
    // 指定選單的CSS類別名稱
    menuClass: "nav-menu",
  });
});
```

畫面將顯示選單列。滑鼠可以移入選單項目。

將顯示選單清單。

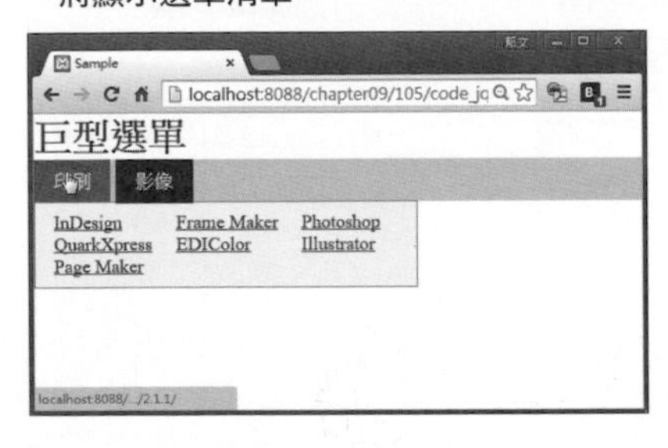

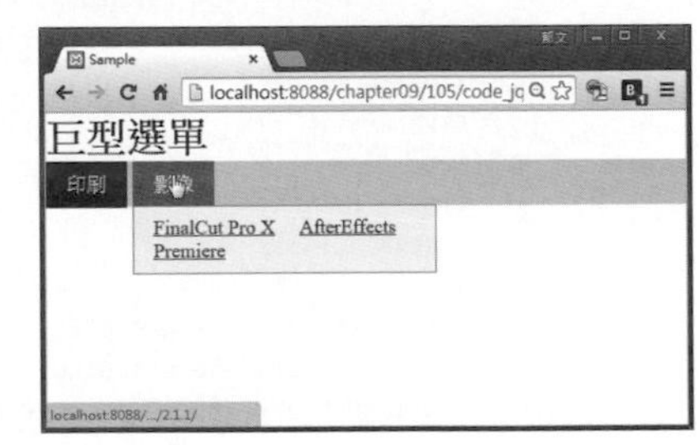

ONEPOINT　Adobe公司提供的選單外掛套件「Accessible Mega Menu」

「Accessible Mega Menu」是能以下拉式選單的方式，在單一區塊顯示多個項目的巨型選單，而且這還是由Adobe公司所提供的jQuery外掛套件。

要使用Accessbile Mega Menu之前，必須先以下列的語法撰寫HTML的內容。

```
<nav>
  <ul class="nav-menu">
    <li class="nav-item"><!-- (1) -->
      <a href="#">●選單列項目1</a>
      <div class="sub-nav"> <!-- (2) -->
        <ul class="sub-nav-group">  <!-- (3)-->
          <li><a href=" ～ ">●選單項目1</a></li>  <!-- (4) -->
          :
          依垂直顯示的項目數重覆撰寫(4)的內容
        </ul> <!-- (5) -->
        依水平顯示的項目數重覆撰寫(3) ～ (5)的內容
      </div>
    </li> <!-- (6) -->
      :
      依選單列的項目數重覆撰寫(1) ～ (6)的內容
  </ul>
</nav>
```

指令檔中則需對選單的「nav」元素呼叫「accessibleMegaMenu()」方法。而此時還需要多設定一個選項，就是以「menuClass」選項指定「ul」元素的CSS類別名稱。如此一來就能顯示巨型選單。

「accessibleMegaMenu()」方法還預設了下列表格內的選項。

■ 可指定的選項

選項	說明
uuidPrefix	指定選單的前綴
menuClass	指定選單的CSS類別名稱
topNavItemClass	指定開頭項目的CSS類別名稱
panelClass	指定面板的CSS類別名稱
panelGroupClass	指定面板群組的CSS類別名稱
hoverClass	指定滑鼠移入時的CSS類別名稱
focusClass	指定焦點移入時的CSS類別名稱
openClass	指定下拉式選單開啟時的CSS類別名稱

106 顯示內容選單

外掛套件名稱	jQuery contextMenu
外掛套件版本	1.6.6
URL	http://medialize.github.io/jQuery-contextMenu/

本單元要介紹的是顯示內容選單的外掛套件。

●**HTML語法(index.html)**

```
<!DOCTYPE html>
<html>
  <head>
    <meta charset="utf-8">
    <title>Sample</title>
    <link rel="stylesheet" href="css/jquery.contextMenu.css">
    <style>
      .context-menu-item.icon-file { background-image: url(css/images/file.png); }
    </style>
    <script src="http://ajax.googleapis.com/ajax/libs/jquery/2.1.1/jquery.min.js">
      </script>
    <script src="js/jquery.contextMenu.js"></script>
    <script src="js/sample.js"></script>
  </head>
  <body>
    <h1>內容選單</h1>
    <div class="myMenu box menu-1">
      選單
    </div>
    <div id="result"></div>
  </body>
</html>
```

●**JavaScript語法(sample.js)**

```
$(function(){
  // 設定內容選單
  $.contextMenu({
    // 指定選擇器
    selector: ".myMenu",
    // 指定選單被選取時的整體的Callback函數
    callback: function(key, options) {
      // 於畫面顯示內容選單
      $("#result").html(key+"<br>"+options.ns);
    },
    // 指定選單項目
    items: {
```

```
      "file": {name: "檔案", icon: "file"},
      "edit": {name: "編輯", icon: "edit"},
      // ---顯示為分割線
      "separator": "---------",
      // 為結束項目指定其他的Callback函數
      "quit": {name: "結束", callback:function(key, options){
        $("#result").html("點選了結束選項");
      }}
    }
  });
});
```

在畫面上半部(選單文字附近)按下滑鼠右鈕。

內容選單將於畫面中顯示。可點選選單內的項目。

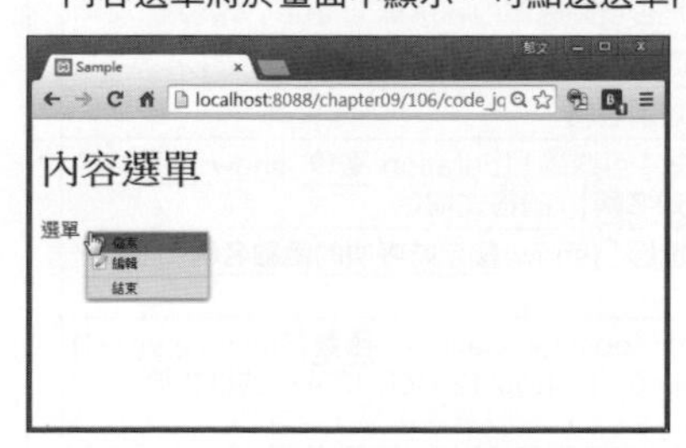

可依選取的選項顯示對應的內容與訊息。

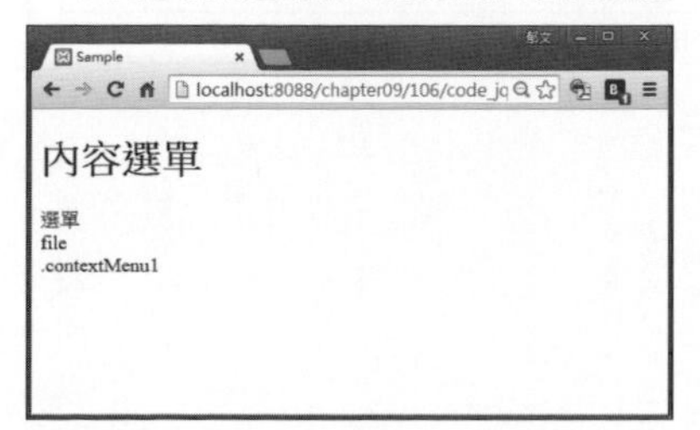

jQuery contextMenu

ONEPOINT　顯示內容選單的外掛套件「jQuery contextMenu」

「jQuery contextMenu」是按下滑鼠右鍵就能顯示內容選單的外掛套件，可以在滑鼠移至指定的元素附近，並且按下滑鼠右鍵時顯示內容選單。此外，這裡的內容選單不僅可顯示項目名稱，也可以顯示圖示。

要開啟內容選單的頁面時，可以在指令檔中指定想要顯示的項目。「$.contextMenu()」方法的「selector」選項，可指定顯示內容選單的選擇器（例如元素名稱或類別名稱）。而在「items」選項中，與內容選單的ID名稱對應的項目名稱可指定給「name」；圖示名稱可指定給「icon」；項目被選取時呼叫的Callback函數可指定給「callback」；而「items」選項指定的選單ID名稱與元素的相關資料，則必須傳遞給Callback函數。

「$.contextMenu()」方法還可指定下列表格內的選項。

■ 可指定的選項

選項	說明
selector	指定顯示內容選單的目標元素
items	以「{ ID:{name:"**項目名稱**", callback:**函數**}}」的格式指定選單項目；可指定的選項請參考下列表格
trigger	顯示內容選單的事件觸發名稱；可指定為「"right"」、「"left"」、「"hover"」、「"none"」其中之一的字串
reposition	再度點選顯示內容選單時，是否改變顯示位置；「true」為改變
delay	以毫秒為單位指定選單出現於畫面之前的時間
autohide	當滑鼠游標移出元素之外，是否自動隱藏內容選單；「true」為隱藏
zIndex	內容選單的Z座標；必須指定為0以上的正數
className	指定追加項目時的選單元素類別名稱
animation	指定內容選單的顯示動畫特效；可透過「{duration:**毫秒**, show:**顯示時的特效名稱**, hide:**隱藏時的特效名稱**}」的格式指定
events	顯示／隱藏選單的事件，可透過「{show:**顯示時呼叫的函數名稱**}」的格式指定
position	內容選單的顯示位置，可透過「{position:Callback**函數**($menu,x,y{～})的格式指定；位置可如「$menu.css({top:123,left:123})」的格式於Callback函數中指定
determinePosition	指定顯示事件觸發器物件的內容選單的顯示位置；可透過jQuery UI的「position()」方法指定啟用的格式
build	指定傳遞給Callback函數的選項

■「items」選項可指定的選項

選項	說明
name	指定內容選單的名稱
callback	指定整體內容選單被點選時的Callback函數
className	指定類別名稱
icon	指定圖示
disabled	指定是否可選取項目（啟用或停用）
type	指定項目的類型
events	「input」元素的事件
value	「input」元素的「value」屬性值
selected	「select」元素的「checked」屬性值
radio	單選項目的元素名稱
options	於「select」元素使用的「option」元素名稱
height	「textarea」元素的高
items	指定副選單的項目資訊
accesskey	指定存取Key
$node	「li」元素
$input	「input」元素或「select」元素
$label	「label」元素
$menu	以「ul」元素指定的副選單元素

此外，若要於項目中顯示圖示，必須先透過下列的CSS語法定義圖示。

```
.context-menu-item.icon-【選單項目的ID名稱】{ background-image:url(【圖示的URL】);}
```

107 顯示圓形選單

外掛套件名稱	Ferro Menu
外掛套件版本	1.2.3
URL	http://www.alessandroferrini.it/lab/jQueryPlugins/ferroMenu/

本單元要介紹的是能讓選單呈圓形排列的外掛套件。

●HTML語法（index.html）

```
<!DOCTYPE html>
<html>
  <head>
    <meta charset="utf-8">
    <title>Sample</title>
    <link rel="stylesheet" href="css/jquery.ferro.ferroMenu.css">
    <script src="http://ajax.googleapis.com/ajax/libs/jquery/2.1.1/jquery.min.js">
      </script>
    <script src="js/jquery.ferro.ferroMenu-1.2.3.min.js"></script>
    <script src="js/sample.js"></script>
  </head>
  <body>
    <h1>圓形選單</h1>
    <ul id="nav">
      <li><a href="http://www.openspc2.org/">O</a></li>
      <li><a href="http://www.google.co.jp/">G</a></li>
      <li><a href="http://www.yahoo.co.jp/">Y!</a></li>
      <li><a href="http://www.c-r.com/">C&amp;R</a></li>
      <li><a href="https://www.facebook.com/">FB</a></li>
      <li><a href="https://twitter.com/">Tw</a></li>
    </ul>
  </body>
</html>
```

●JavaScript語法（sample.js）

```
$(function(){
  // 將ID名稱為nav的元素轉換成圓形選單
  $('#nav').ferroMenu({
    // 選單的位置
    position : "left-center",
    // 距離基準位置的邊界
    margin : 50,
    // 選單的半徑
    radius : 80,
```

```
    // 選單的旋轉角度
    rotation : 45
  });
});
```

圓形選單的圖示將於指定位置顯示，若是尚未展開的選單將顯示「+」符號。

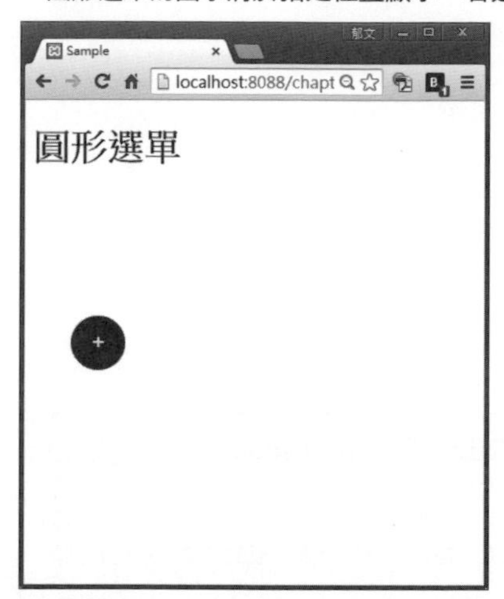

點選圓形之後，將依設定的選單項目顯示圖示，同時這些圖示也將呈圓形排列。點選圖示時，就能移動至對應的頁面。若要回到原始畫面，只需要點選位於圓心的圓形圖示。

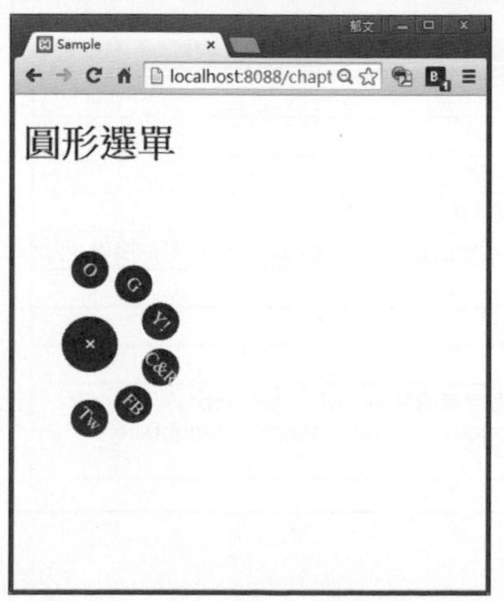

若圓形選單尚未展開，圓形圖示則可以被拖曳移動。但並不是可以移動至任意的位置，仍會受到預設的基準位置與邊界限制。

ONEPOINT　沿圓形排列選單項目的外掛套件「Ferro Menu」

「Ferro Menu」是有別於一般選單列，能讓選單項目沿圓形排列的外掛套件。可於預設位置顯示選單項目，而選單項目則由「ul」元素（列表元素）指定。這部分與一般的導覽列使用相同的選單組成元素。

完成HTML的設定後，可以對「ul」元素呼叫「ferroMenu()」方法。這個方法不需要特別指定選項也可執行，但也可以進一步設定顯示位置或角度。相關的選項請參考下列表格。

■ 可指定的選項

選項	說明
closeTime	以毫秒指定選單關閉的所需時間
openTime	以毫秒指定選單開啟的所需時間
delay	以毫秒指定選單開啟特效的所需時間
drag	指定選單是否可被拖曳：「true」為可能
easing	指定項目顯示動畫特效的動作；可指定為「cubic-bezier(～)」類的字串
margin	指定距離基準位置的邊界
radius	指定圓形選單排列時的半徑
rotation	指定項目的旋轉角度
position	指定基準位置；可指定為下列九個字串的其中一個。「"left-top"」、「"center-top"」、「"right-top"」、「"right-bottom"」、「"left-bottom"」、「"right-center"」、「"left-center」、「"center-center"」

108 顯示側邊選單

外掛套件名稱	mmenu
外掛套件版本	4.6.4
URL	http://mmenu.frebsite.nl/index.php

本單元要介紹的是能顯示側邊選單的外掛套件。

●HTML 語法（index.html）

```
<!DOCTYPE html>
<html>
  <head>
    <meta charset="utf-8">
    <title>Sample</title>
    <link rel="stylesheet" href="css/jquery.mmenu.css">
    <style>
      body { background-color: #aaa; margin: 0; padding: 0; }
    </style>
    <script src="http://ajax.googleapis.com/ajax/libs/jquery/2.1.1/jquery.min.js">
      </script>
    <script src="js/jquery.mmenu.min.js"></script>
    <script src="js/sample.js"></script>
  </head>
  <body>
    <div id="content" class="mm-top">
      <h1>側邊選單</h1>
      <a href="#nav">MENU</a>
        </div>
        <nav id="nav">
      <ul>
        <li><a href="http://www.openspc2.org/">OpenSpace</a></li>
        <li><a href="http://www.google.co.jp/">Google</a></li>
        <li><a href="http://www.yahoo.co.jp/">Yahooo!</a></li>
        <li><a href="https://twitter.com/">Twitter</a></li>
      </ul>
    </nav>
  </body>
</html>
```

●JavaScript語法（sample.js）

```
$(function(){
  // 將ID名稱為nav的元素轉換成側邊選單
  $("#nav").mmenu();
});
```

點選「MENU」連結。

整張頁面將往右側移動，左側也將顯示選單。點選頁面內部則可回復原狀。

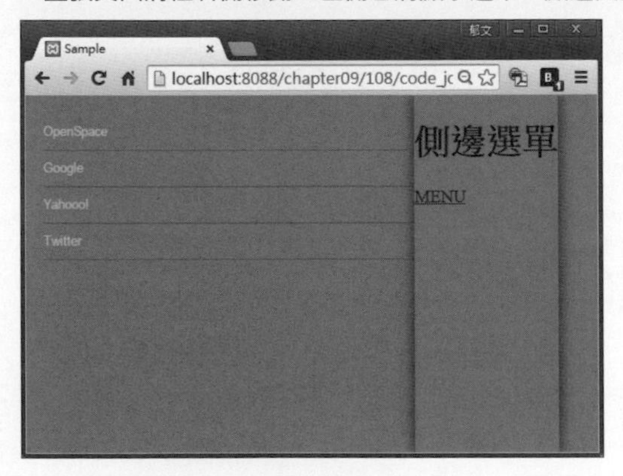

ONEPOINT　顯示側邊選單的外掛套件「mmenu」

智慧型手機常使用可向左右展開的側邊選單，「mmenu」就是可輕易顯示側邊選單的外掛套件。使用之前，必須先以「div」元素或「nav」元素括住側邊選單的元素，而選單項目則由列表元素指定。

接著於指令檔中對顯示側邊選單的元素（「div」元素或「nav」元素）呼叫「mmenu()」方法。這個方法不需特別指定選項也可正常執行。

「mmenu()」方法雖然預設了許多選項，但只設定選項是無法將設定結果反映至頁面中，還必須依照選項匯入對應的CSS或JavaScript檔。此外，若沒有匯入對應的檔案也不會發生錯誤。

「mmenu()」方法的第一個參數可指定下列表格內的選項。

■ 可指定的主要選項

選項	說明
position	指定位置；可指定為「"top"」、「"bottom"」、「"left"」、「"right"」其中一個字串
zposition	選單的Z方向相關位置；可指定為「"back"」、「"front"」、「"next"」其中一個字串
searchfield	是否顯示搜尋欄位；「true」為顯示，必須匯入「jquery.mmenu.searchfield.min.js」檔案

第二個參數可指定的選項請參考下列表格。

■ 可設定的主要選項

選項	說明
panelClass	指定面板類別
listClass	指定列表類別
labelClass	指定標籤類別
transitionDuration	以毫秒為單位指定切換速度

109 顯示多階層側邊選單

外掛套件名稱	Multi-Level Push Menu
外掛套件版本	2.1.4
URL	http://multi-level-push-menu.make.rs/

本單元要介紹的是顯示多階層側邊選單的外掛套件。

●HTML語法（index.html）

```
<!DOCTYPE html>
<html>
  <head>
    <meta charset="utf-8">
    <title>Sample</title>
    <link rel="stylesheet" href="css/jquery.multilevelpushmenu.css">
    <style>
      #menu { position : absolute; top: 0px; left : 0px; }
      #intro { position : absolute; top: 0px; left : 200px; }
    </style>
    <script src="http://ajax.googleapis.com/ajax/libs/jquery/2.1.1/jquery.min.js">
      </script>
    <script src="js/jquery.multilevelpushmenu.min.js"></script>
    <script src="js/sample.js"></script>
  </head>
  <body>
    <div id="intro">
      <h1>多階層側邊選單</h1>
      <p>可達成多階層的選單。</p>
    </div>
    <div id="menu">
      <nav>
        <h2><i class="fa"></i>今日拉麵</h2>
        <ul>
          <li><a href="#"><i class="fa"></i>定食</a>
        <h2><i class="fa"></i>本日定食</h2>
        <ul>
          <li><a href="#"><i class="fa"></i>蕎麥麵＆烏龍麵</a>
        <h2><i class="fa"></i>本日麵類</h2>
        <ul>
          <li><a href="#">天婦羅蕎麥麵</a></li>
          <li><a href="#">油豆皮烏龍麵</a></li>
        </ul>
        </li>
          <li><a href="#"><i class="fa"></i>拉麵</a>
        <h2><i class="fa"></i>拉麵</h2>
```

```
          <ul>
            <li><a href="#">味噌拉麵</a></li>
            <li><a href="#">鹽味拉麵</a></li>
            <li><a href="#">醬油拉麵</a></li>
            <li><a href="#">擔擔 </a></li>
          </ul>
        </li>
      </ul>
        </li>
        <li><a href="#"><i class="fa"></i>中華料理</a>
          <h2><i class="fa"></i>今日中華料理</h2>
          <ul>
            <li><a href="#">中華丼</a></li>
            <li><a href="#">北京烤鴨</a></li>
            <li><a href="#">四川料理</a></li>
          </ul>
        </li>
      </ul>
    </nav>
  </div>
 </body>
</html>
```

●**JavaScript語法（sample.js）**

```
$(function(){
  // 將ID名稱為menu的元素轉換成多階層側邊選單
  $('#menu').multilevelpushmenu({
    backText : "回上一層"
 });
});
```

點選「定食」項目。

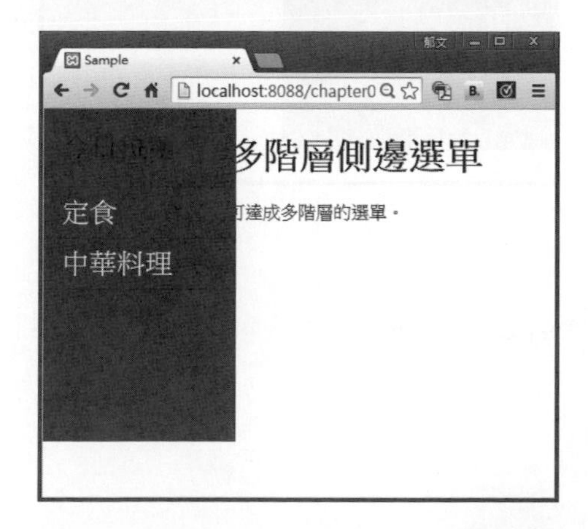

整頁頁面將向右側移動，空出來的左側將顯示項目。點選「蕎麥麵＆烏龍麵」項目。

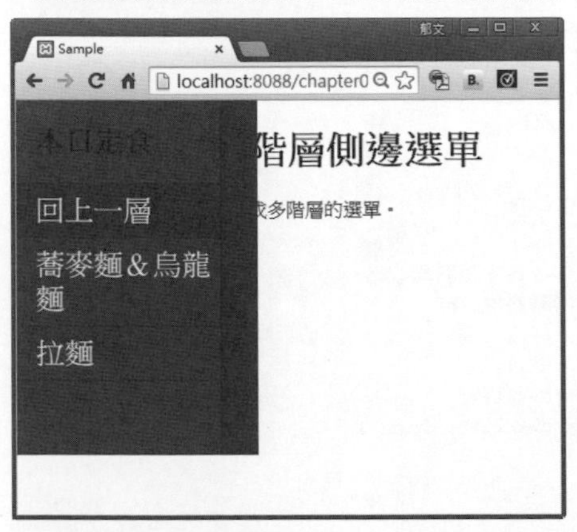

整張頁面將向右側移動，空出來的左側將顯示項目。點選「回上一層」，即可回到上一階層。

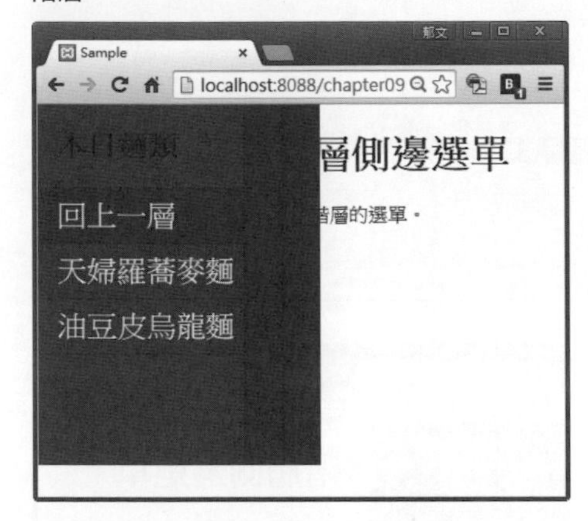

ONEPOINT 能顯示多階層側邊選單的外掛套件「Multi-Level Push Menu」

智慧型手機常使用可左右滑開的側邊選單，但有時會遇到單層無法容納所有項目，必須設定成多階層選單的情況。此時就可使用這套多階層側邊選單的外掛套件「Multi-Level Push Menu」。使用之前必須先以「div」元素將多階層側邊選單的元素括起來，而選單項目則以列表元素定義。若打算使用多階層選單，則需以巢狀結構撰寫列表。

指令檔中則是對顯示多階層側邊選單的「div」元素呼叫「multilevelpushmenu()」方法。這個方法不需要特別指定選項也能夠執行。

「multilevelpushmenu()」方法還有下列表格內的選項可供指定。

■ 可指定的主要選項

選項	說明
container	指定收納多階層選單的容器
collapsed	指定選單是否於一開始就展開；「true」為展開
menuID	指定「nav」元素的選單ID
menuWidth	指定選單的寬度
menuHeight	指定選單的高度
backText	指定代表回上一層項目的文字
mode	指定選單滑動時的顯示方法；可指定為「"overlap"」或「"cover"」
overlapWidth	指定選單覆蓋時，選單寬度的錯開幅度

若想要以IE8執行這套外掛套件，則必須匯入Modernizr。此外，多階層選單的項目也可以由指令檔建立。

110 滑動顯示選單

外掛套件名稱	Sidr
外掛套件版本	1.2.1
URL	http://www.berriart.com/sidr/

本單元要介紹的是可滑動顯示選單的外掛套件。

●HTML語法（index.html）

```
<!DOCTYPE html>
<html>
  <head>
    <meta charset="utf-8">
    <title>Sample</title>
    <link rel="stylesheet" href="css/jquery.sidr.light.css">
    <script src="http://ajax.googleapis.com/ajax/libs/jquery/2.1.1/jquery.min.js">
      </script>
    <script src="js/jquery.sidr.js"></script>
    <script src="js/sample.js"></script>
  </head>
  <body>
    <h1>滑動選單</h1>
    <button id="btn">顯示選單</button>
    <div id="myMenu">
      <ol>
        <li><a href="http://www.google.co.jp/">Google</a></li>
        <li><a href="http://www.yahoo.co.jp/">Yahoo</a></li>
        <li><a href="http://www.openspc2.org/">OpenSpace</a></li>
      </ol>
    </div>
  </body>
</html>
```

●JavaScript語法（sample.js）

```
$(function(){
  // 點選按鈕後，於畫面左側顯示滑動選單
  $("#btn"). sidr({
    // 於左側配置選單
    side : "left",
    // 速度為1秒(2000msec)
    speed : 1000,
    // 選單內容
    name : "myMenu"
  });
});
```

缺譯文

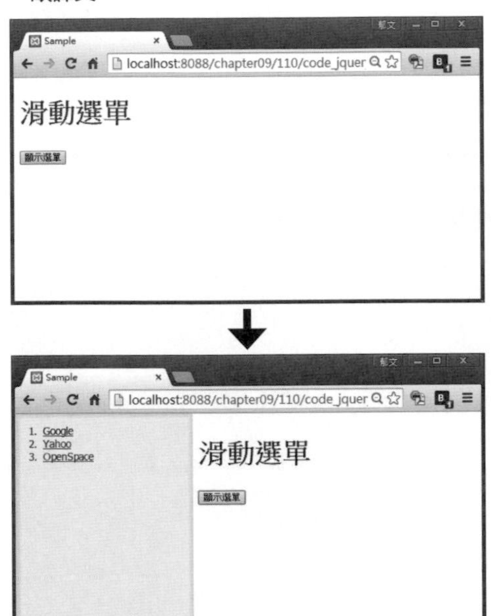

ONEPOINT 顯示滑動選單的外掛套件「Sidr」

「Sidr」是讓整張頁面往左或右滑動，再顯示選單的外掛套件。不僅可在滑動選單內顯示頁面中的整串元素，還可於選單內顯示位於外部的HTML檔。顯示選單之前必須在按鈕套用「sidr()」方法，如此一來，只要按鈕被點選就會顯示選單。此外，必須先將ID名稱「sidr」指派給選單（可透過選項變更）。

要讓頁面往左還是右滑動，要以多快速度顯示選單，都可透過下列表格內的選項指定。此外，Sidr預設了亮色系與暗色系兩種樣式表。

■ 可指定的選項

選項	說明
name	滑動顯示的元素的ID名稱；預設值為「"sidr"」
speed	滑動顯示的速度，以毫秒為單位指定；預設值為「200msec」
side	滑動選單的顯示位置；可指定為「"left"」或「"right"」
source	選單的選擇器、URL或Callback函數
renaming	類別名稱或ID名稱重覆時，是否自動變更名稱；預設值為「true」
body	以字串指定顯示選單的基準元素；預設值為「"body"」

111 捲動頁面時固定選單位置

外掛套件名稱	SMINT
外掛套件版本	3.0
URL	http://www.outyear.co.uk/smint/

本單元要介紹的是在頁面捲動時讓選單固定位置顯示的外掛套件。

●**HTML語法（index.html）**

```
<!DOCTYPE html>
<html>
  <head>
    <meta charset="utf-8">
    <title>Sample</title>
    <style>
      h1 { font-size: 18px; }
      p { height : 80px; }
        .menubar {
          position: absolute;
          top: 100px;
          height: 30px;
          z-index: 1000;
          width: 100%;
         background: #eeeeff;
       }
       .sectionNo1, .sectionNo2, .sectionNo3 {
         border: 8px solid white;
         height: 500px;
         background-color: #ccc;
       }
    </style>
    <script src="http://ajax.googleapis.com/ajax/libs/jquery/2.1.1/jquery.min.js">
        </script>
    <script src="js/jquery.smint.js"></script>
    <script src="js/sample.js"></script>
  </head>
  <body>
    <div>
      <h1>將選單固定在頁面最上方</h1>
      <p>頁面捲動時選單位於上方時，讓選單固定於頁面最上方</p>
    </div>
      <div class="menubar" >
        <a href="#sectionNo1">何謂jQuery ? </a> |
        <a href="#sectionNo2">下載方法</a> |
```

```
        <a href="#sectionNo3">相關外掛套件</a> |
        </div>
         <div class="section sectionNo1">
       <h1>何謂jQuery ? </h1>
         </div>
         <div class="section sectionNo2">
       <h1>下載方法</h1>
         </div>
         <div class="section sectionNo3">
       <h1>相關外掛套件</h1>
    </div>
  </body>
</html>
```

●**JavaScript語法（sample.js）**

```
$(function($){
  // 將選單／導覽列固定於頁面上方
  $(".menubar").smint({
    // 指定a元素被點選時，捲動至該元素的速度
    scrollSpeed : 1500
  });
});
```

頁面未捲動時，選單將於頁面上方顯示。

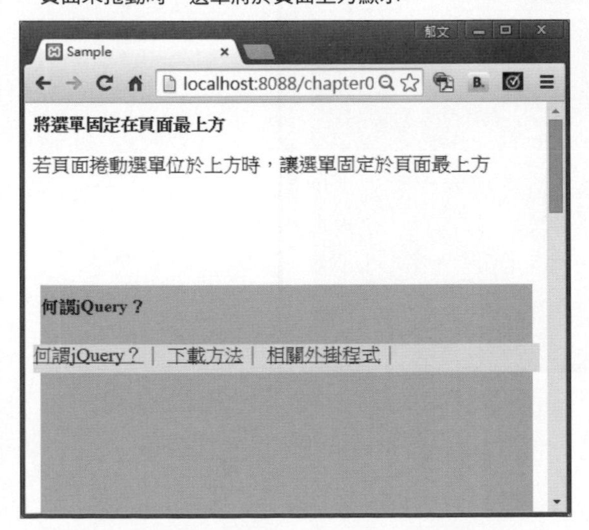

SMINT

頁面捲動時，選單將會被固定在頁面上方。

點選選單後，將慢慢地捲動至對應的區塊。

ONEPOINT 於頁面捲動時固定選單位置的外掛套件「SMINT」

當頁面的內容增加形成長直式版面時，有時會遇到必須隨著頁面捲動位置顯示選單／導覽列的情況。此時就可以使用這套於頁面捲動時固定選單位置的外掛套件「SMINT」。

使用之前必須先於HTML設定。第一步先讓內容區塊名稱與選單內的「a」元素對應。「a」的「id」屬性與區塊的「class」屬性必須指定為相同名稱，指定給這兩個屬性的名稱可千萬別搞錯。此外，目標區塊的「class」屬性也必須指定「section」類別。

完成HTML的設定之後，可以對選單／導覽列元素呼叫「smint()」方法。「smint()」方法預設了下列表格內的選項。

■ 可指定的選項

選項	說明
scrollSpeed	以毫秒為單位指定「a」元素被點選時，捲動至該元素位置的速度

MEMO

112 固定選單位置

外掛套件名稱	stickUp
外掛套件版本	0.5.7 β
URL	http://lirancohen.github.io/stickUp/

本單元要介紹的是固定選單位置的外掛套件。

●HTML語法(index.html)

```
<!DOCTYPE html>
<html>
  <head>
    <meta charset="utf-8">
    <title>Sample</title>
    <style>
      .navbar-wrapper {
        margin: 0; padding: 0; width : 400px;
      }
      .navbar-wrapper ul {
        margin: 0; padding: 0; list-style-type: none;
      }
      .navbar-wrapper li {
        margin: 0; padding: 0; float: left; width: 100px;
        background-color: #ddf;
      }
      .navbar-wrapper a {
        text-align: center; display : block; width: 100%;
        color : #008;
      }
      h2 { clear: both; }
    </style>
    <script src="http://ajax.googleapis.com/ajax/libs/jquery/2.1.1/jquery.min.js">
      </script>
    <script src="js/stickUp.min.js"></script>
    <script src="js/sample.js"></script>
  </head>
  <body>
    <h1>固定選單</h1>
    <div class="navbar-wrapper">
      <ul>
        <li><a href="#">首頁</a></li>
        <li><a href="#">產品介紹</a></li>
        <li><a href="#">公司概要</a></li>
        <li><a href="#">聯絡我們</a></li>
      </ul>
```

```
    </div>
    <h2>產品清單</h2>
    <table border="1" height="500">
      <tr><td>No. 1</td><td>掘削機</td></tr>
      <tr><td>No. 2</td><td>削岩機</td></tr>
    </table>
  </body>
</html>
```

●**JavaScript語法（sample.js）**

```
jQuery(function($){
  // DOM Ready之後開始處理
  $(function() {
    // 將CSS的navbar-wrapper類別中的元素設定為固定選單
    $(".navbar-wrapper").stickUp();
  });
});
```


當頁面尚未捲動時，依照一般的HTML版面顯示選單。

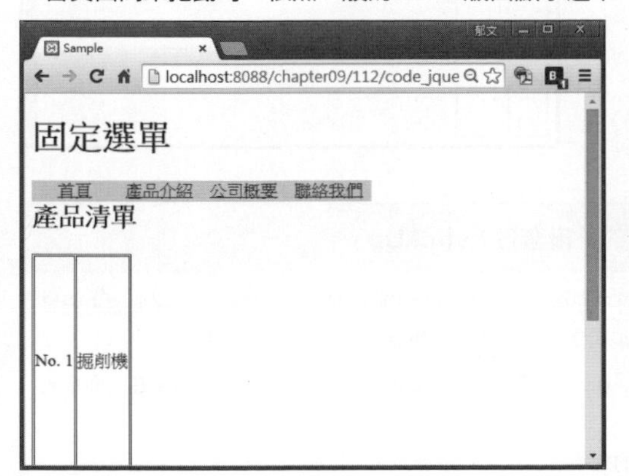

畫面捲動時，選單將被固定在畫面上方。

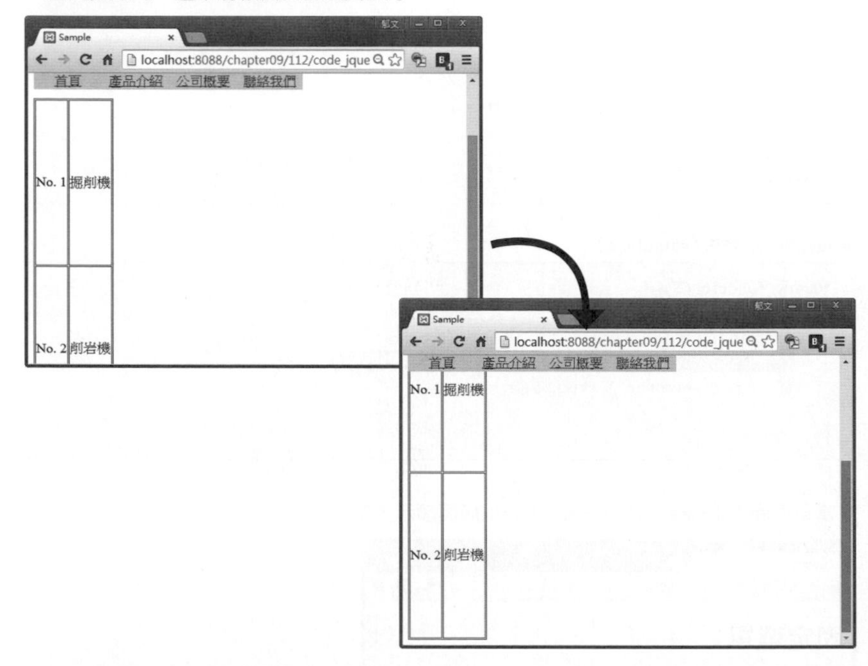

ONEPOINT　固定選單位置的外掛套件「stickUp」

當頁面資訊一多，有時會遇到不得不把內容排成長直式版面的情況。這時通常會需要讓主選單的位置固定，而這個問題可以交給能固定選單位置的外掛套件「stickUp」解決。

使用時，可以對容納選單項目的「div」元素呼叫「stickUp()」方法，就能讓選單在頁面捲動時，仍然固定在原本的位置上。

「stickUp()」預設了下列表格內的選項。

■ 可指定的選項

選項	說明
marginTop	指定距離上方的邊界
parts	指定與選單對應的元素；可利用「parts:{0:"【ID名稱】", 1:"【ID名稱】", 2:"【ID名稱】"}」的語法指定
itemClass	選單項目的CSS類別名稱
itemHover	滑鼠移入時的CSS類別名稱

jQuery Plugin HANDBOOK

CHAPTER 10

其他

113 讓圖片呈立方體旋轉

外掛套件名稱	jQuery Image Cube
外掛套件版本	2.0.0
URL	http://keith-wood.name/imageCube.html

本單元要介紹的是讓圖片呈立方體旋轉的外掛套件。

●HTML語法（index.html）

```
<!DOCTYPE html>
<html>
  <head>
    <meta charset="utf-8">
    <title>Sample</title>
    <style>
      #myCube { width: 200px; height: 200px; }
    </style>
    <script src="http://ajax.googleapis.com/ajax/libs/jquery/1.11.0/jquery.min.js">
      </script>
    <script src="js/jquery.plugin.min.js"></script>
    <script src="js/jquery.imagecube.min.js"></script>
    <script src="js/sample.js"></script>
  </head>
  <body>
    <h1>讓圖片呈立方體旋轉</h1>
    <div id="myCube">
      <img src="images/1.jpg" alt="松本城">
      <img src="images/2.jpg" alt="花">
      <img src="images/3.jpg" alt="富士山">
      <img src="images/4.jpg" alt="霧霧  ">
      <img src="images/5.jpg" alt="淺間山">
    </div>
    <div id="result"></div>
  </body>
</html>
```

●JavaScript語法（sample.js）

```
$(function(){
  // 讓位於指定元素內部的圖片呈立方體旋轉
  $("#myCube").imagecube({
    // 方向隨機決定
    direction : "random",
```

```
    // 速度設定為2秒(2000msec)
    speed : 2000,
    // 停止時間設定為3秒(3000msec)
    pause : 3000,
    // 設定重覆旋轉
    repeat : true,
    // 所有旋轉處理結束時呼叫的函數
    afterRotate : function(current, next){
      // 顯示目前圖片與下一張圖片的alt屬性
      $("#result").html(current.alt+"<br>"+next.alt);
    }
  });
});
```

讓頁面內的圖片每隔一段時間就旋轉。

旋轉之後，圖片下方將顯示目前圖片與下一張圖片的「alt」屬性的內容。

ONEPOINT 讓圖片呈立方體旋轉的外掛套件「Image Cube」

「Image Cube」是讓圖片呈立方體旋轉的外掛套件。可於「div」元素中撰寫任意的旋轉圖片數量的程式碼，接著對「div」元素呼叫「imagecube()」方法，即可執行旋轉處理。

旋轉速度與方向可透過下列表格內的選項指定。

■ 可指定的選項

選項	說明
direction	圖片旋轉方向；可指定為「"random"」、「"up"」、「"down"」、「"left"」、「"right"」其中一個字串
randomSelection	當「direction」選項指定為「"random"」，即可透過此選項以陣列指定旋轉方向
speed	旋轉速度；以毫秒為單位指定
easing	加減速處理
repeat	是否重覆旋轉，「true」為重覆旋轉；「false」則會在最後一張圖片旋轉之後結束旋轉
pause	暫停時間；以毫秒為單位指定
selection	指定下一張顯示的圖片；可指定為「"forward"」、「"backword"」、「"random"」其中一個字串
shading	是否套用陰影特效
opacity	不透明度；預設值為「0.8」
imagePath	圖片基準路徑
full3D	是否套用透視效果
segments	分割數量
reduction	背景分割數量
expansion	邊緣的像素數
lineHeight	列高
letterSpacing	文字間距
beforeRotate	圖片旋轉之前呼叫的事件處理器；必須將目前圖片與下一張圖片的元素傳遞給此事件處理器
afterRotate	圖片旋轉之後呼叫的事件處理器；必須將目前圖片與下一張圖片的元素傳遞給此事件處理器

114 以微縮模型照片的風格顯示圖片

外掛套件名稱	tiltshift
外掛套件版本	無
URL	http://www.noeltock.com/tilt-shift-css3-jquery-plugin/

本單元要介紹的是能以微縮模型照片的風格顯示圖片的外掛套件。

●HTML語法（index.html）

```
<!DOCTYPE html>
<html>
  <head>
    <meta charset="utf-8">
    <title>Sample</title>
    <link rel="stylesheet" href="css/jquery.tiltShift.css">
    <script src="http://ajax.googleapis.com/ajax/libs/jquery/2.1.1/jquery.min.js">
      </script>
    <script src="js/jquery.tiltShift.js"></script>
    <script src="js/sample.js"></script>
  </head>
  <body>
    <h1>以微縮模型照片風格顯示</h1>
    <img src="images/1.jpg" class="tiltshift" data-position="50" ↵
      data-blur="3" data-focus="1" data-falloff="20" data-direction="y"
  </body>
</html>
```

●JavaScript語法（sample.js）

```
$(function(){
  // 以CSS類別名稱為tiltshift的元素為目標對象
  $(".tiltshift").tiltShift();
});
```

圖片將以微縮模型風格顯示。

ONEPOINT 以微縮模型照片風格顯示圖片的外掛套件「tiltShift」

「tiltShift」是以微縮模型照片風格顯示圖片的外掛套件。於「img」元素指定HTML5的自訂屬性「data」來指定顯示方式。其他可指定選項請參考下列表格。

要以微縮模型照片風格顯示圖片時，可以對「img」元素呼叫「tiltShift()」方法。如此一來，圖片就會自動被加工成微縮照片。

■ 可指定的「data」屬性

「data」屬性	說明
data-position	設定為鮮明的位置，以「0」～「100」的數值指定；「50」代表的是圖片50%的位置
data-blur	指定模糊程度；可指定0以上的數值
data-focus	以「0」～「100」的數值指定焦點
data-falloff	焦點／模糊的量
data-direction	方向；可指定為「x」、「y」的字元，或是「0」～「360」的角度

此外，tiltShift只能於Chrome或Safari 6以上的版本執行，未來其他瀏覽器也安裝了CSS3的濾鏡功能時，這套外掛套件或許即可正常執行。

115 視需求延遲載入顯示圖片

外掛套件名稱	jQuery Lazy Load
外掛套件版本	1.9.3
URL	http://www.appelsiini.net/projects/lazyload

本單元要介紹的是能視需求延遲載入圖片的外掛套件。

●HTML語法（index.html）

```
<!DOCTYPE html>
<html>
  <head>
    <meta charset="utf-8">
    <title>Sample</title>
    <script src="http://ajax.googleapis.com/ajax/libs/jquery/2.1.1/jquery.min.js">
      </script>
    <script src="js/jquery.lazyload.min.js"></script>
    <script src="js/sample.js"></script>
  </head>
  <body>
    <h1>延遲載入</h1>
      <img src="images/grey.gif" data-original="images/1.jpg" width="640" ↵
        height="427" class="lazy"><br>
      <img src="images/grey.gif" data-original="images/2.jpg" width="640" ↵
        height="427" class="lazy"><br>
      <img src="images/grey.gif" data-original="images/3.jpg" width="640" ↵
        height="427" class="lazy"><br>
      <img src="images/grey.gif" data-original="images/4.jpg" width="640" ↵
        height="427" class="lazy"><br>
      <img src="images/grey.gif" data-original="images/5.jpg" width="640" ↵
        height="427" class="lazy"><br>
  </body>
</html>
```

●JavaScript語法（sample.js）

```
$(function(){
  // 以CSS的lazy類別為對象
  $(".lazy").lazyload({
    // 淡入顯示
    effect : "fadeIn"
  });
});
```

jQuery Lazy Load

一開始於頁面顯示的圖片是預先載入的。

捲動頁面時就會視需求載入圖片。可透過選項的設定讓圖片淡入顯示。

ONEPOINT 延遲載入圖片的外掛套件「jQuery Lazy Load」

若單一頁面的圖片太多，光是載入圖片就得耗費不少時間等待。尤其像智慧型手機這類網路速度較慢的裝置，更可能得花費不少時間開啟頁面。此時若能先匯入於頁面顯示的圖片，其餘尚未顯示的圖片留待後續載入，就能解決這個問題。而這套「jQuery Lazy Load」正是可以執行這項處理的外掛套件。

jQuery Lazy Load的使用方法是先將替代圖片指定給「img」元素的「src」屬性，而替代圖片的檔案大小盡可能越精簡越好。接著將實際要載入的圖片的URL指定給「data-original」屬性。之後在指令檔中對要延遲載入的圖片呼叫「lazyload()」方法即可。這個方法不需特別指定選項也能執行。jQuery Lazy Load另有下列表格內的選項可供指定。

■ 可指定的選項

選項	說明
threshold	於圖片顯示幾個像素之前開始載入
event	以字串指定載入時觸發的事件
effect	載入時套用的特效；若指定為淡入，可指定為「"fadeIn"」字串
container	指定容器；能以「$("#box")」的語法指定
failure_limit	指定載入失敗的臨界值
skip_invisible	是否跳過載入隱藏的圖片；「true」為跳過，「false」為不跳過

116 視需求延遲載入圖片（支援高解析度顯示裝置）

外掛套件名稱	Unveil
外掛套件版本	1.3.0
URL	http://luis-almeida.github.io/unveil/

本單元要介紹的是視需求延遲載入圖片（支援高解析度顯示裝置）的外掛套件。

● **HTML語法（index.html）**

```
<!DOCTYPE html>
<html>
  <head>
    <meta charset="utf-8">
    <title>Sample</title>
    <script src="http://ajax.googleapis.com/ajax/libs/jquery/2.1.1/jquery.min.js">
      </script>
    <script src="js/jquery.unveil.js"></script>
    <script src="js/sample.js"></script>
  </head>
  <body>
    <h1>延遲載入</h1>
      <img src="images/grey.gif" data-src="images/1.jpg" width="640" ↵
        height="427" class="lazy" data-src-retina="images/1x2.jpg"><br>
      <img src="images/grey.gif" data-src="images/2.jpg" width="640" ↵
        height="427" class="lazy"><br>
      <img src="images/grey.gif" data-src="images/3.jpg" width="640" ↵
        height="427" class="lazy"><br>
      <img src="images/grey.gif" data-src="images/4.jpg" width="640" ↵
        height="427" class="lazy"><br>
      <img src="images/grey.gif" data-src="images/5.jpg" width="640" ↵
        height="427" class="lazy"><br>
  </body>
</html>
```

● **JavaScript語法（sample.js）**

```
$(function(){
  // 以CSS的lazy類別為對象
  $(".lazy").unveil();
});
```

依照顯示範圍載入與顯示圖片。

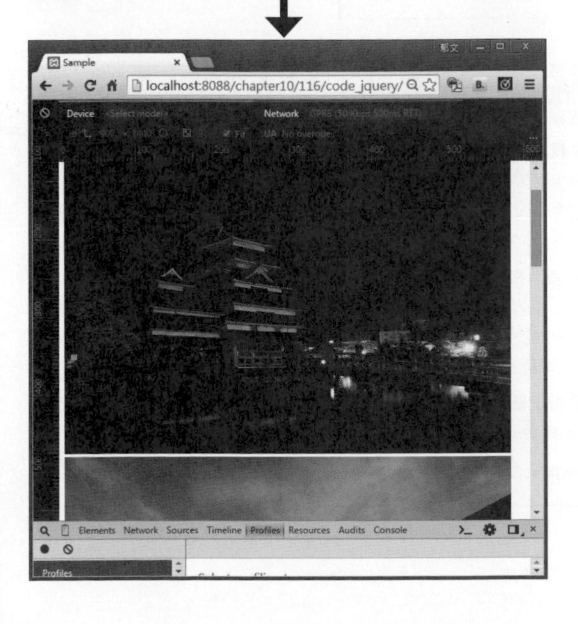

捲動頁面後將視需求載入圖片。

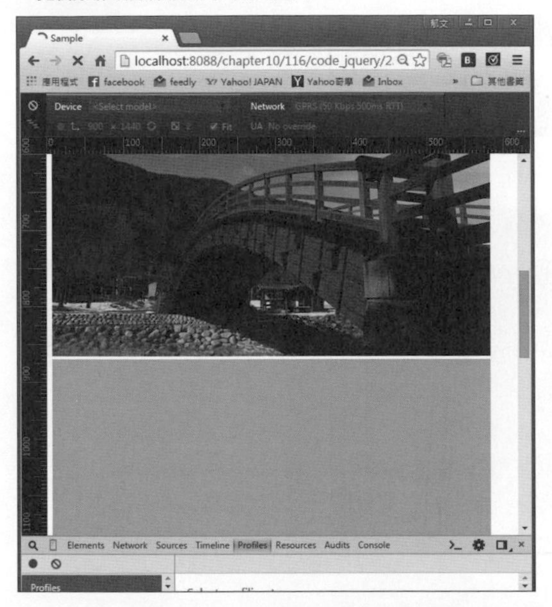

ONEPOINT　支援高解析度顯示裝置的延遲載入外掛套件「Unveil」

若單一頁面的圖片太多，光是載入圖片就得耗費不少時間等待。尤其像智慧型手機這類網路速度較慢的裝置，更可能得花費不少時間開啟頁面。此時若能先載入於頁面顯示的圖片，其餘尚未顯示的圖片留待後續載入，就能解決這個問題。而這套「Unveil」正是可以執行這項處理的外掛套件。

Unveil的使用方法是先將替代圖片指定給「img」元素的「src」屬性，而替代圖片的檔案大小盡可能越精簡越好。接著將實際要載入的圖片URL指定給「data-src」屬性。若要載入高解析度的圖片時，可以將圖片的URL指定給「data-src-retina」屬性。之後只要在指令檔中對要延遲載入的圖片呼叫「unveil()」方法即可，不需要特別指定選項。

「Unveil()」方法的參數，可指定圖片於幾個像素之前開始載入；而第二個參數則可指定Callback函數，除此之外無其他參數與選項可指定。

此外，Unveil也可透過Zepto.js執行。

117 以撥盤操作變更值

外掛套件名稱	jQuery Knob
外掛套件版本	1.2.11
URL	http://anthonyterrien.com/knob/

本單元要介紹的是以撥盤操作變更值的外掛套件。

●HTML語法（index.html）

```
<!DOCTYPE html>
<html>
  <head>
    <meta charset="utf-8">
    <title>Sample</title>
    <script src="http://ajax.googleapis.com/ajax/libs/jquery/2.1.1/jquery.min.js">
      </script>
    <script src="js/jquery.knob.js"></script>
    <script src="js/sample.js"></script>
  </head>
  <body>
    <h1>撥盤顯示</h1>
      <form>
        <input type="text" value="15" class="dial" data-width="200">
      </form>
      <div id="result"></div>
  </body>
</html>
```

●JavaScript語法（sample.js）

```
$(function(){
  // 以CSS的dial類別為對象
  $(".dial").knob({
    // 指定最小值
    min : 0,
    // 指定最大值
    max : 100,
    // 指定間隔
    step : 5,
    // 達最大值、最小值停止事件
    stopper : true,
    // 指定背景色
    bgColor : "black",
```

```
    // 指定撥盤顏色
    fgColor : "#a40",
    // 於撥盤操作中處理
    change : function(val){
      // 顯示值
      $("#result").text(val);
    }
  });
});
```

頁面中將顯示如甜甜圈般的撥盤。

以滑鼠操作時，可顯示範圍與數值。

ONEPOINT 以撥盤操作的外掛套件「jQuery Knob」

若想輸入特定範圍的數值，只要使用「jQuery Knob」這套外掛套件就能以撥盤操作輸入數值。使用之前必須先建立「input」元素，接著再對該「Input」元素呼叫「knob()」方法。這個方法不需特別指定選項也能夠執行。

透過下列表格內的選項也能進行更細膩的設定。此外，也可以利用HTML5的自訂屬性「data」進行設定。在「data-」後方指定下列表格內的屬性名稱之後，即可不透過指令檔，只以HTML來執行這套外掛套件。

■ 可指定的選項

選項	說明
min	最小值
max	最大值
step	間隔
angleOffset	開始角度的位移；可指定為「45」這種角度
angleArc	圓型大小；可以角度指定
stopper	是否介於最小值、最大值範圍之內；「true」為範圍內
readOnly	是否禁止使用者自行輸入數值；「false」為不禁止，預設值為「false」
cursor	是否顯示代表游標的字串；「true」為顯示
thickness	撥盤的厚度
lineCap	指定代表選取範圍的量規形狀；可設定為「"butt"」、「"rounded"」
width	撥盤的尺寸
displayInput	是否於轉盤內顯示輸入值；「true」為顯示
displayPrevious	是否顯示之前的值；「true」為顯示；預設值為「false」
fgColor	指定撥盤選取範圍的顏色
bgColor	指定撥盤的背景色
inputColor	指定輸入值的顏色
font	指定輸入值的字型
fontWeight	指定輸入值的字體粗細
release	選取撥盤值之後呼叫的事件處理器；選取值將傳遞給事件處理器
change	撥盤值產生變化後呼叫的事件處理器；變化值將傳遞給事件處理器
draw	更新畫面時呼叫的事件處理器；「this」可為「this.g」(2D內容)、「this.$」、「this.o」(選項)、「this.i」(input)
cancel	取消時呼叫的事件處理器
error	發生錯誤時呼叫的事件處理器

118 響應式表格

外掛套件名稱	ReStable
外掛套件版本	0.1.1
URL	http://codeb.it/restable/

本單元要介紹的是建立響應式表格的外掛套件。

●HTML語法（index.html）

```
<!DOCTYPE html>
<html>
  <head>
    <meta charset="utf-8">
    <title>Sample</title>
    <link rel="stylesheet" href="css/jquery.restable.min.css">
    <style>
      table { border: 2px #000000 solid; border-collapse: collapse; }
      thead { background-color: #ddd; }
      td, th { border:1px solid gray; margin: 0; width: 100px; }
      td { text-align: right; }
    </style>
    <script src="http://ajax.googleapis.com/ajax/libs/jquery/2.1.1/jquery.min.js">
      </script>
    <script src="js/jquery.restable.min.js"></script>
    <script src="js/sample.js"></script>
  </head>
  <body>
    <h1>業績</h1>
    <table class="datatable">
      <thead>
        <tr><th>月</th><th>業績金額</th><th>去年同期比率</th><th>收益率</th></tr>
      </thead>
      <tbody>
        <tr><td>1月</td><td>123,456元</td><td>12.3%</td><td>25%</td></tr>
        <tr><td>2月</td><td>231,980元</td><td>22.4%</td><td>28%</td></tr>
        <tr><td>3月</td><td>520,456元</td><td>42.9%</td><td>23%</td></tr>
        <tr><td>4月</td><td>323,456元</td><td>20%</td><td>25%</td></tr>
        <tr><td>5月</td><td>185980元</td><td>8.5%</td><td>28%</td></tr>
        <tr><td>6月</td><td>103,456元</td><td>6.3%</td><td>25%</td></tr>
        <tr><td>7月</td><td>110,112元</td><td>7.5%</td><td>25%</td></tr>
        <tr><td>8月</td><td>53,456元</td><td>2.3%</td><td>28%</td></tr>
        <tr><td>9月</td><td>30,950元</td><td>1.3%</td><td>26%</td></tr>
        <tr><td>10月</td><td>83,456元</td><td>3.8%</td><td>27%</td></tr>
        <tr><td>11月</td><td>163,456元</td><td>7.7%</td><td>24%</td></tr>
        <tr><td>12月</td><td>983,456元</td><td>83.9%</td><td>29%</td></tr>
```

```
      </tbody>
    </table>
  </body>
</html>
```

●**JavaScript語法（sample.js）**

```
$(function(){
  // 讓CSS的datatable類別的表格支援響應式版面
  $(".datatable").ReStable({
    // 顯示Header
    rowHeaders: true,
    // 將中斷點設定為480px
    maxWidth: 480
  });
});
```

頁面將顯示表格。若為橫式寬畫面，將以適合電腦的CSS版面顯示。

月	業績金額	前年比	利益率
1月	123,456元	12.3%	25%
2月	231,980元	22.4%	28%
3月	520,456元	42.9%	23%
4月	323,456元	20%	25%
5月	185980元	8.5%	28%
6月	103,456元	6.3%	25%
7月	110,112元	7.5%	25%
8月	53,456元	2.3%	28%
9月	30,950元	1.3%	26%
10月	83,456元	3.8%	27%
11月	163,456元	7.7%	24%
12月	983,456元	83.9%	29%

若頁面寬度變窄，就轉換成智慧型手機式的版面。

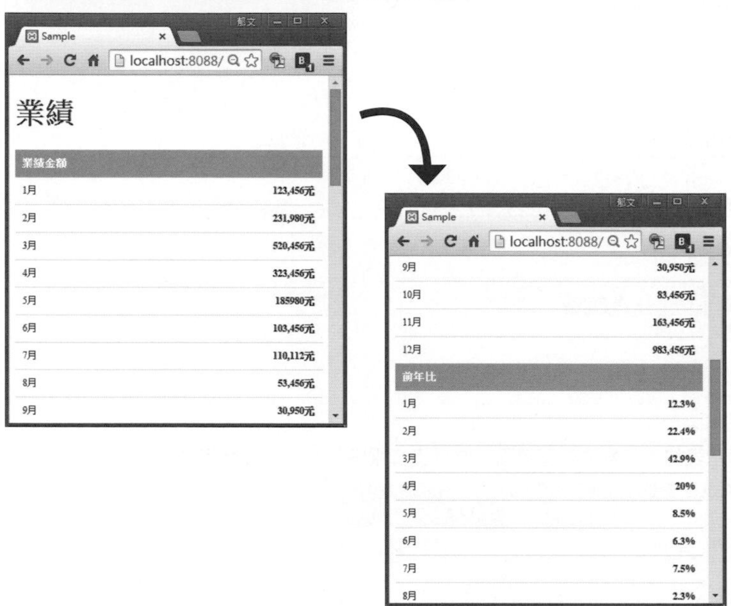

ONEPOINT　建立響應式表格的外掛套件「ReStable」

「ReStable」是可同時顯示電腦式表格與智慧型手機式表格（響應式版面）的外掛套件。使用時不需要對表格進行任何設定。使用方法有兩種，一種是將頁面中所有表格轉換成響應式表格，此時可以將程式碼寫成「$.ReStable()」。

若只想讓特定的表格轉換，可以對該表格的「table」元素呼叫「ReStable()」方法。其餘則不需要特別設定選項。

此外，「ReStable()」方法有下列表格內的選項可供設定。

■ 可指定的選項

選項	說明
rowHeaders	指定是否顯示Header；「true」為顯示
maxWidth	指定中斷點

119 依數值裝飾表格

外掛套件名稱	jQuery Table ColorScale
外掛套件版本	0.9.0
URL	http://web-tan.forum.impressrd.jp/tools/jquery_table_colorscale

本單元要介紹的是依數值裝飾表格的外掛套件。

●HTML語法（index.html）

```
<!DOCTYPE html>
<html>
  <head>
    <meta charset="utf-8">
    <title>Sample</title>
    <style>
      td, th { border:1px solid gray; margin: 0; }
    </style>
    <script src="http://ajax.googleapis.com/ajax/libs/jquery/2.1.1/jquery.min.js">
      </script>
    <script src="js/jquery.table_colorscale.js"></script>
    <script src="js/sample.js"></script>
  </head>
  <body>
    <h1>業績</h1>
      <button id="default">標準裝飾</button>
      <button id="databar">顯示數據橫條</button>
      <button id="up">顯示前三名</button>
      <button id="down">顯示後三名</button>
      <table>
        <thead>
          <tr><th>月</th><th>業績金額</th><th>去年同期比率</th></tr>
        </thead>
        <tbody>
          <tr><td>1月</td><td>123,456元</td><td>12.3%</td></tr>
          <tr><td>2月</td><td>231,980元</td><td>22.4%</td></tr>
          <tr><td>3月</td><td>520,456元</td><td>42.9%</td></tr>
          <tr><td>4月</td><td>323,456元</td><td>20%</td></tr>
          <tr><td>5月</td><td>185980元</td><td>8.5%</td></tr>
          <tr><td>6月</td><td>103,456元</td><td>6.3%</td></tr>
          <tr><td>7月</td><td>110,112元</td><td>7.5%</td></tr>
          <tr><td>8月</td><td>53,456元</td><td>2.3%</td></tr>
          <tr><td>9月</td><td>30,950元</td><td>1.3%</td></tr>
          <tr><td>10月</td><td>83,456元</td><td>3.8%</td></tr>
          <tr><td>11月</td><td>163,456元</td><td>7.7%</td></tr>
          <tr><td>12月</td><td>983,456元</td><td>83.9%</td></tr>
```

```
      </tbody>
    </table>
  </body>
</html>
```

●JavaScript語法（sample.js）

```
$(function(){
  // 以按鈕點選設定為標準裝飾
  $("#default").click(function(){
    // 無設定選項即為標準裝飾
    $("table tr > :nth-child(3)").tableColorScale();
  });
  // 以按鈕點選顯示數據橫條
  $("#databar").click(function(){
    // type選項指定為databar
    $("table tr > :nth-child(3)").tableColorScale({
      type : "databar",
      // 設定數據欄顏色
      css : {
        // 設定為淡紅色
        databar : {
          backgroundColor : "rgba(0,128,255,0.75)"
        }
      }
    });
  });
  // 以按鈕點選顯示前三名資料
  $("#up").click(function(){
    // 以topn選項指定
    $("table tr > :nth-child(3)").tableColorScale({
      type : "topn",
      typeOpt : 3
    });
  });
  // 以按鈕點選顯示後三名資料
  $("#down").click(function(){
    // 以topn選項指定
    $("table tr > :nth-child(3)").tableColorScale({
      type : "topn",
      typeOpt : -3
    });
  });
});
```

頁面將顯示表格。點選「標準裝飾」按鈕時，表格將套用顏色。

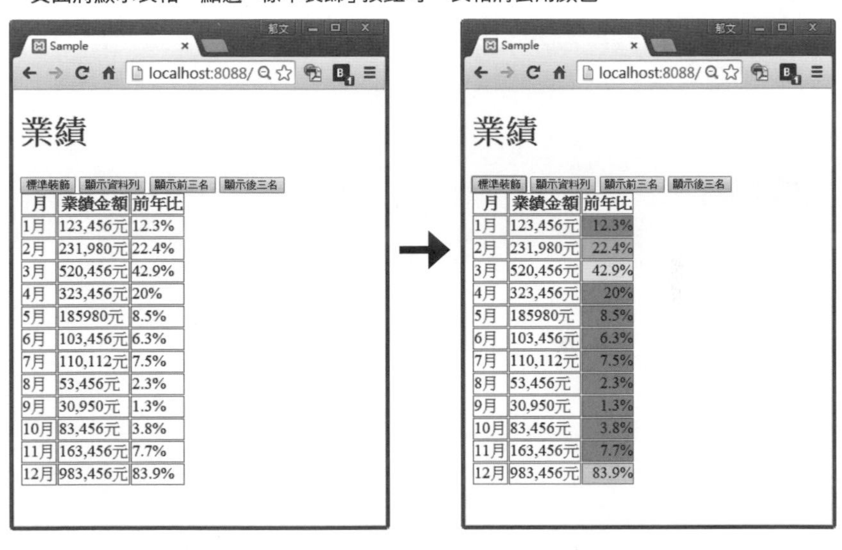

點選「顯示數據橫條」，表格內將出現橫條。

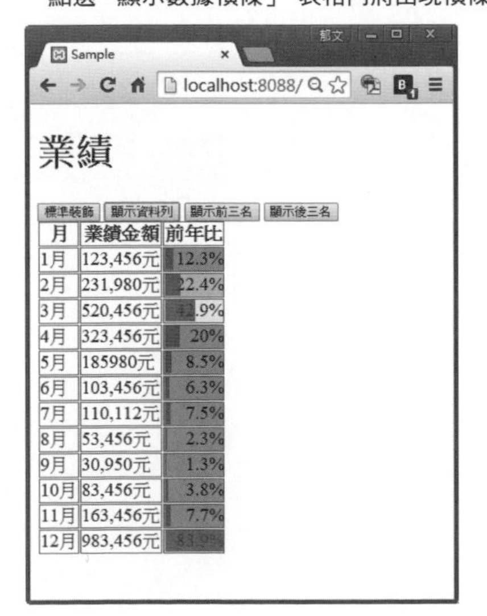

點選「顯示前三名」按鈕，前三名的資料將套用顏色。

月	業績金額	前年比
1月	123,456元	12.3%
2月	231,980元	22.4%
3月	520,456元	42.9%
4月	323,456元	20%
5月	185980元	8.5%
6月	103,456元	6.3%
7月	110,112元	7.5%
8月	53,456元	2.3%
9月	30,950元	1.3%
10月	83,456元	3.8%
11月	163,456元	7.7%
12月	983,456元	83.9%

點選「顯示後三名」按鈕，後三名的資料將套用顏色。

月	業績金額	前年比
1月	123,456元	12.3%
2月	231,980元	22.4%
3月	520,456元	42.9%
4月	323,456元	20%
5月	185980元	8.5%
6月	103,456元	6.3%
7月	110,112元	7.5%
8月	53,456元	2.3%
9月	30,950元	1.3%
10月	83,456元	3.8%
11月	163,456元	7.7%
12月	983,456元	83.9%

也可以綜合顯示內容。

ONEPOINT 依照表格內數值裝飾表格的外掛套件「jQuery Table ColorScale」

「jQuery Table ColorScale」是可以依照表格內數值裝飾表格的外掛套件。只需要對「table」元素呼叫「tableColorScale()」方法。如此將會自動於前幾名或後幾名的數值套用顏色。此外，還以可透過選項設定前幾名與後幾名的顏色，也能夠顯示數據橫條。jQuery Table ColorScale還有下列表格內的選項可供設定。

■ 可指定的選項

選項	說明
type	指定格式；可指定為「"percentile"」、「"sigma"」、「"topn"」、「"databar"」、「"none"」其中一個字串
css	指定裝飾用的CSS；可透過「databar:{color : "red" }」這類語法指定
numTextAlign	指定文字的對齊方式；可指定為「"left"」、「"center"」、「"right"」其中一種字串

120 將YouTube做為背景影片播放

外掛套件名稱	jQuery mb.YTPlayer
外掛套件版本	2.7.2
URL	http://pupunzi.open-lab.com/mb-jquery-components/jquery-mb-ytplayer/

本單元要介紹的是將YouTube做為背景影片播放的外掛套件。

●HTML語法（index.html）

```
<!DOCTYPE html>
<html>
  <head>
    <meta charset="utf-8">
    <title>Sample</title>
    <link rel="stylesheet" href="css/YTPlayer.css">
    <style>
      h1, p { background-color: white; width: 500px; }
    </style>
    <script src="http://ajax.googleapis.com/ajax/libs/jquery/2.1.1/jquery.min.js">
      </script>
    <script src="http://code.jquery.com/jquery-migrate-1.2.1.min.js"></script>
    <script src="js/jquery.mb.YTPlayer.js"></script>
    <script src="js/sample.js"></script>
  </head>
  <body>
    <h1>顯示背景影片</h1>
    <p>
      將YouTube的影片做為頁面的背景播放。<br>
      <a id="myVideo" data-property="{videoURL:'http://www.youtube.com/watch?v=⏎
        f4WYja08Z3I',containment:'body',autoPlay:true, mute:true,opacity:0.6,⏎
        ratio:'16/9'}">播放影片</a>
    </p>
  </body>
</html>
```

●JavaScript語法（sample.js）

```
$(function(){
  // 根據ID名稱myVideo的元素中的資訊播放影片
  $("#myVideo").mb_YTPlayer();
});
```

匯入頁面後，將自動播放YouTube的影片。

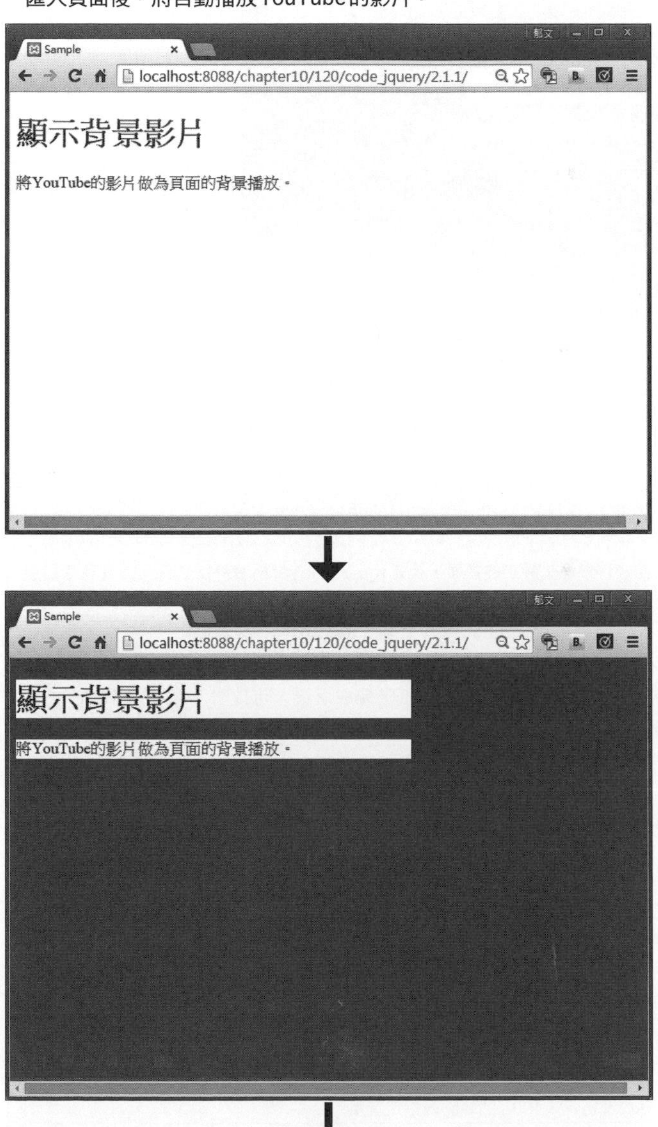

ONEPOINT　於背景播放影片的外掛套件「mb.YTPlayer」

大多數情況，頁面的背景都是靜止的畫面，但是mb.YTPlayer這套外掛套件可以在背景播放影片。使用之前，必須先將YouTube影片的ID，與是否重覆播放的資訊指定給「a」元素的「data-property」屬性。選項可指定為「**Key名稱1**:**值1**, **Key名稱2**:**值2**,……」。可指定給「data-property」屬性的選項請參考下列表格。

「a」元素的「data-property」屬性的必要設定完成之後，可以對「a」元素呼叫「mb_YTPlayer()」方法，只要這樣就可以在背景播放影片。

■ 可指定的選項

選項	說明
opacity	於「0.0」～「1.0」的範圍指定不透明度
mute	指定是否靜音；「true」代表靜音
showControls	指定是否顯示影片控制器；「true」代表顯示
ratio	指定影片的長寬比；可指定為「"16/9"」或「"4/3"」的字串
quality	指定影片品質；可指定為「"default"」、「"small"」、「"medium"」、「"large"」、「"hd720"」、「"hd1080"」、「"highres"」其中一個字串
containment	以字串（選擇器）指定播放影片的元素
optimizeDisplay	是否依照視窗大小最佳化影片；「true」代表最佳化
loop	是否重覆播放影片；「true」為重覆播放
vol	於「1」～「100」的範圍內指定音量
startAt	指定視訊開始播放位置的秒數
autoplay	指定是否自動播放；「true」代表自動播放
showYTLogo	是否顯示YouTube的LOGO（開發者）；「true」代表顯示

121 於背景進行影片播放處理處理

外掛套件名稱	Video Background
外掛套件版本	無
URL	http://github.com/sethborden/video-background-js

本單元要介紹的是於背景進行影片播放處理的外掛套件。

●HTML語法（index.html）

```
<!DOCTYPE html>
<html>
  <head>
    <meta charset="utf-8">
    <title>Sample</title>
    <script src="http://ajax.googleapis.com/ajax/libs/jquery/2.1.1/jquery.min.js">
      </script>
    <script src="js/videobackground.js"></script>
    <script src="js/sample.js"></script>
  </head>
  <body>
    <h1>於背景進行影片播放處理</h1>
    <p>自動於背景進行影片播放處理。</p>
  </body>
</html>
```

●JavaScript語法（sample.js）

```
$(function(){
  // 將背景設定為影片
  $("body").videoBackground("", {
    // 自動播放
    autoplay : "autoplay",
    // 循環播放
    loop : "loop",
    // 設定為靜音
    muted : "muted",
    // 依照視窗尺寸調整影片
    fit : "fill",
    // 指定影片的URL
    src : "movie/sample.mp4"
  });
});
```

載入頁面時自動播放影片。

ONEPOINT　於背景執行影片撥放處理的外掛套件「Video Backgound」

「Video Backgound」是能於背景執行視訊顯示處理的外掛套件。是以播放HTML5 Video為前提。若只是要於背景播放，可以對負責顯示的元素指定「videoBackground("視訊的URL")。

可透過「videoBackground()」方法的選項指定是否循環播放。選項的值必須以HTML5 Video為準（不同的瀏覽器會有不同的支援狀況，無法透過Video Background外掛套件來跨越支援性的差異）。可指定的選項請參考下列表格。

■ 可指定的選項

選項	說明
autoplay	是否自動播放；「"autoplay"」代表自動播放
loop	是否循環播放；「"loop"」代表循環播放
muted	是否靜音；「"muted"」代表靜音；某些瀏覽器不支援這個選項
fit	是否依照元素的尺寸調整影片；「"fill"」可讓影片依照元素的尺寸調整，這個值可以使用CSS「object-fit」可指定的值（「"fill"」、「"contation"」、「"cover"」、「"none"」、「"scale-down"」）。
src	影片的URL

122 於背景模式全螢幕播放YouTube的影片

外掛套件名稱	jQuery tubular
外掛套件版本	1.0.1
URL	http://code.google.com/p/jquery/-tubular/

本單元要介紹的是於背景模式全螢幕播放YouTube影片的外掛套件。

●HTML語法（index.html）

```
<!DOCTYPE html>
<html>
  <head>
    <meta charset="utf-8">
    <title>Sample</title>
    <style>
      { margin: 0; padding: 0; }
    </style>
    <script src="http://ajax.googleapis.com/ajax/libs/jquery/2.1.1/jquery.min.js">
      </script>
    <script src="js/jquery.tubular.1.0.js"></script>
    <script src="js/sample.js"></script>
  </head>
  <body>
    <h1>顯示YouTube影片</h1>
    <div id="myVideo"></div>
  </body>
</html>
```

●JavaScript語法（sample.js）

```
$(function(){
  // 以ID名稱為myVideo的元素播放影片
  $("#myVideo").tubular({
    // 指定YouTube的video ID
    videoId : "f4WYja08Z3I"
  });
});
```

頁面載入後，將自動於全螢幕模式播放YouTube影片。

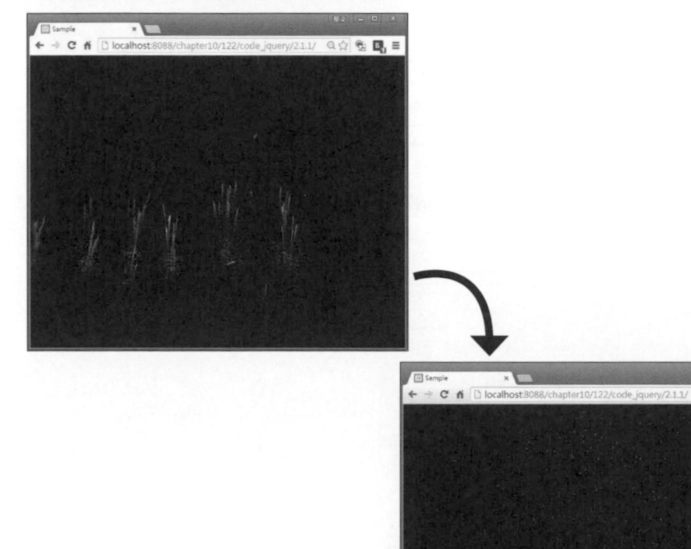

ONEPOINT　於全螢幕模式播放YouTube影片的外掛套件「jQuery tubular」

「jQuery tubular」是於全螢幕模式播放YouTube影片的外掛套件。要播放YouTube影片時，必須先建立播放影片的元素。

在指令檔中對建立的元素呼叫「tubular()」方法。這個方法的第一個參數可指定為YouTube影片的ID名稱，之後就能自動載入影片，並且於全螢幕模式播放。

■ 可指定的選項

選項	說明
videoID	指定YouTube影片的ID名稱

123 讀寫Cookie

外掛套件名稱	jquery.cookie
外掛套件版本	1.4.1
URL	https://github.com/carhartl/jquery-cookie

本單元要介紹的是讀寫Cookie的外掛套件。

●HTML語法(index.html)

```
<!DOCTYPE html>
<html>
  <head>
    <meta charset="utf-8">
    <title>Sample</title>
    <script src="http://ajax.googleapis.com/ajax/libs/jquery/2.1.1/jquery.min.js">
      </script>
    <script src="js/jquery.cookie.js"></script>
    <script src="js/sample.js"></script>
  </head>
  <body>
    <h1>讀寫Cookie</h1>
    <form>
      <textarea id="userComment" rows="6" cols="30"></textarea><br>
      <input type="button" id="save" value="儲存於Cookie">
      <input type="button" id="load" value="從Cookie讀取">
    </form>
    <div id="result"></div>
  </body>
</html>
```

●JavaScript語法(sample.js)

```
$(function(){
  // 將文字欄位的內容儲存至Cookie
  $("#save").click(function(){
    // 讀取文字欄位的內容
    var text = $("#userComment").val();
    // 儲存於Cookie
    $.cookie("myData", escape(text), { expires : 7 });
    // 顯示結果
    $("#result").text("內容儲存至Cookie了");
  });
  // 匯入儲存於Cookie的內容再顯示
  $("#load").click(function(){
```

```
      // 讀取文字欄位的內容
      var text = $.cookie("myData");
      // 顯示結果
      $("#result").text(unescape(text));
    });
  });
```

點選「儲存於Cookie」即可將文字欄位的內容儲存於Cookie，並且下方將顯示提示訊息。

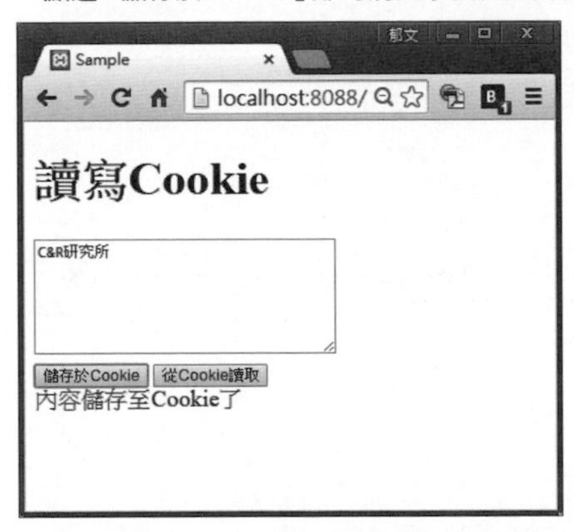

點選「從Cookie讀取」時，將顯示儲存於Cookie的內容。

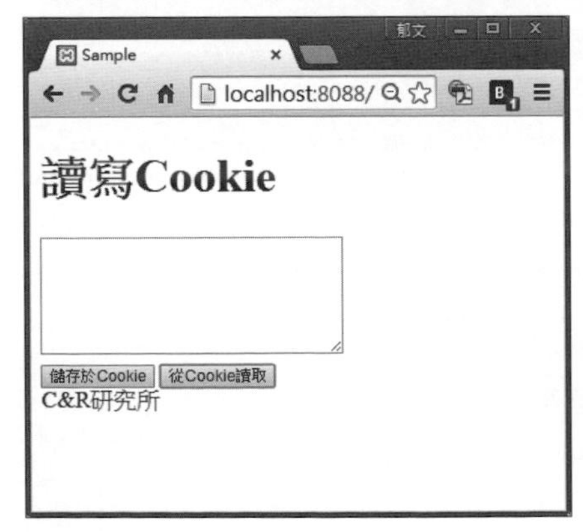

ONEPOINT 讀取Cookie的外掛套件「jquery.cookie」

想要儲存資訊可以透過Cookie，而想利用JavaScrip操作Cookie時，則必須經過好幾道步驟方能完成。「jquery.cookie」是能夠輕易讀寫Cookie的外掛套件。

要將內容儲存（寫入）至Cookie時，可輸入「$.cookie(key名稱, 寫入資訊, 選項)的程式碼，不需額外指定選項即可完成。若要讀取Cookie中的資料時，則是輸入「$.cookie(key名稱)」。

「$.cookie()」方法另有下列表格內的選項，可於儲存內容時設定。

■ 可指定的選項

選項	說明
expires	儲存期限；「7」代表儲存有效期限7天
path	指定路徑
domain	指定網域
secure	指定為「true」就需要https協定

MEMO

124 產生QR Code

外掛套件名稱	jQuery.qrcode
外掛套件版本	0.11.0
URL	http://larsjung.de/jquery-qrcode/

本單元要介紹的是產生QR Code的外掛套件。

●HTML語法（index.html）

```
<!DOCTYPE html>
<html>
  <head>
    <meta charset="utf-8">
    <title>Sample</title>
    <script src="http://ajax.googleapis.com/ajax/libs/jquery/2.1.1/jquery.min.js">
      </script>
    <script src="js/jquery.qrcode-0.11.0.min.js"></script>
    <script src="js/sample.js"></script>
  </head>
  <body>
    <h1>產生QR Code</h1>
    <form>
      <textarea id="sourceText" rows="6" cols="30">OpenSpace</textarea><br>
      <input type="button" id="make" value="轉換成QR Code ">
    </form>
    <div id="result"></div>
  </body>
</html>
```

●JavaScript語法（sample.js）

```
$(function(){
  // 按下按鈕就產生QR Code
  $("#make").click(function(){
    // 匯入文字欄位的內容
    var textData = $("#sourceText").val();
    // 刪除已顯示的QR Code
    $("#result").text(" ");
    // 產生QR Code
    $("#result").qrcode({
      // 指定QR Code的尺寸
      size : 128,
      // 指定QR Code的顏色
      fill : "blue",
```

```
        // 指定QR Code的內容
        text : textData,
        // 指定模式
        mode : 0
      });
    });
  });
```

在文字欄位輸入要轉換成QR Code的文字。此外，無法正確轉換中日文等複雜文字。

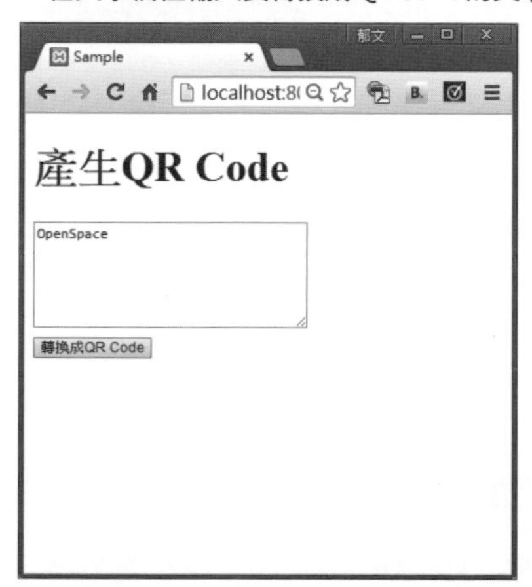

點選「轉換成QR Code」按鈕，頁面就會產生QR Code。

ONEPOINT　產生QR Code的外掛套件「jQuery.qrcode」

「jQuery.qrcode」是能產生QR Code的外掛套件。對負責顯示的元素呼叫「qrcode()」方法即可產生QR Code，並不需要指定任何選項。但實際使用時必須指定輸出的文字資料與模式。而且不支援中日文。

「qrcode()」方法可指定的主要選項如下。

■ 可指定的主要選項

選項	說明
size	QR Code的尺寸
fill	QR Code的顏色
text	輸出的字串
mode	模式（「0」～「4」的數值）
label	當mode為「1」或「3」顯示的標籤文字
fontname	於「label」顯示的文字字型
fontcolor	於「label」顯示的文字顏色
ecLevel	錯誤層級（「"L"」、「"M"」、「"Q"」、「"H"」）

COLUMN　關於QR Code

這套外掛套件可以對產生的QR Code進行相關指定。詳情請參考QR Code的規範。可以根據下列頁面的內容設定，從中了解QR Code的相關限制，例如關於字數這類。

- **QR code.com 株式會社DENSO WAVE**

URL http://www.qrcode.com/

■ QR code.com | 株式會社DENSO WAVE

125 繪製圖表

外掛套件名稱	jqPlot
外掛套件版本	1.0.8r1250
URL	http://www.jqplot.com/

本單元要介紹的是繪製圖表的外掛套件。

●HTML語法（index.html）

```
<!DOCTYPE html>
<html>
  <head>
    <meta charset="utf-8">
    <title>Sample</title>
    <style>
      #myGraph { width : 600px; height : 400px; }
    </style>
    <script src="http://ajax.googleapis.com/ajax/libs/jquery/2.1.1/jquery.min.js">
      </script>
    <script src="js/jquery.jqplot.min.js"></script>
    <script src="js/jqplot.pieRenderer.min.js"></script>
    <script src="js/sample.js"></script>
  </head>
  <body>
    <h1>圓餅圖</h1>
    <div id="myGraph"></div>
  </body>
</html>
```

●JavaScript語法（sample.js）

```
$(function(){
  // 定義資料
  var data = [
    ["A公司", 55], ["B公司", 25], ["C公司", 15], ["其他", 5]
  ];
  // 指定負責繪圖的元素的ID與圖表資料
  jQuery.jqplot("myGraph", [data], {
    seriesDefaults : {
      // 將圓餅圖指定給渲染器
      renderer : jQuery.jqplot.PieRenderer,
      // 指定繪製選項
      rendererOptions : {
        // 於圓餅圖內繪製標籤
        showDataLabels : true,
```

jqPlot

```
        // 分割成派狀
        sliceMargin : 5
      }
    },
    // 顯示圖例
    legend : { show : true, location: "e" }
    }
  );
});
```

根據資料繪製圓餅圖。

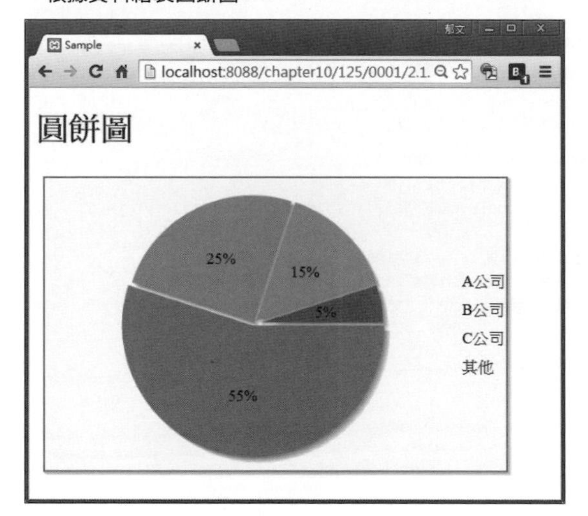

ONEPOINT　能繪製各種圖表的外掛套件「jqPlot」

「jqPlot」是能繪製各種圖表的外掛套件。jqPlot可繪製各式圖表，例如折線圖、長條圖、圓餅圖或是泡泡圖。

使用jqPlot時，除了匯入「jquery.jqplot.min.js」檔案外，還必須依照要繪製的圖表匯入相關的函式庫。若要繪製圓餅圖時，必須匯入「jqplot.pieRenderer.min.js」檔案。而資料與資料的格式則需要依照繪製的圖表建立。

顯示圖表的範圍需要由「div」元素指定。「jQuery.jqplot()」方法的第一個參數可指定為負責繪製圖表的元素的ID；第二個參數可指定為繪製資料；第三個參數則可指定各種選項，而此參數可指定的選項則依繪製的圖表而有所不同。本書將各種圖表所共用的選項整理成下列表格，如下所示。

■ 可指定的主要選項

選項	說明	
seriesDefaults	可指定下列的基本選項	
	renderer	指定渲染器（繪圖外掛套件）
	rendererOptions	指定繪製選項（若以圓餅圖為例，請參考『圓餅圖可指定的選項』表格）
legend	指定繪製圖例的選項	
grid	指定格線的選項	
title	顯示圖表的標題	

圓餅圖可指定的選項請參考下列表格。

■ 圓餅圖可指定的選項

選項	說明
diameter	圓餅圖的大小；通常會自動計算
padding	外框與圓餅圖之間的留白
sliceMargin	圓餅圖派狀區塊之間的留白
fill	指定圓餅圖派狀區塊是否填滿顏色
shadowOffset	陰影的位移距離
shadowDepth	陰影的大小
shadowAlpha	陰影的不透明度

MEMO

INDEX

符號.數字

A

B

C

D

E

F

INDEX

讀者回函

讀 者 回 函

GIVE US A PIECE OF YOUR MIND

感謝您購買本公司出版的書，您的意見對我們非常重要！由於您寶貴的建議，我們才得以不斷地推陳出新，繼續出版更實用、精緻的圖書。因此，請填妥下列資料(也可直接貼上名片)，寄回本公司(免貼郵票)，您將不定期收到最新的圖書資料！

購買書號： **書名：**

姓　　名：＿＿＿＿＿＿＿＿＿＿

職　　業：□上班族　□教師　□學生　□工程師　□其它

學　　歷：□研究所　□大學　□專科　□高中職　□其它

年　　齡：□ 10~20　□ 20~30　□ 30~40　□ 40~50　□ 50~

單　　位：＿＿＿＿＿＿ 部門科系：＿＿＿＿＿＿

職　　稱：＿＿＿＿＿＿ 聯絡電話：＿＿＿＿＿＿

電子郵件：＿＿＿＿＿＿＿＿＿＿

通訊住址：□□□ ＿＿＿＿＿＿＿＿＿＿

您從何處購買此書：

□書局＿＿＿＿　□電腦店＿＿＿＿　□展覽＿＿＿＿　□其他＿＿＿＿

您覺得本書的品質：

內容方面：	□很好	□好	□尚可	□差
排版方面：	□很好	□好	□尚可	□差
印刷方面：	□很好	□好	□尚可	□差
紙張方面：	□很好	□好	□尚可	□差

您最喜歡本書的地方：＿＿＿＿＿＿＿＿＿＿

您最不喜歡本書的地方：＿＿＿＿＿＿＿＿＿＿

假如請您對本書評分，您會給(0~100分)：＿＿＿＿ 分

您最希望我們出版那些電腦書籍：

請將您對本書的意見告訴我們：

您有寫作的點子嗎？□無　□有　專長領域：＿＿＿＿＿＿

歡迎您加入博碩文化的行列哦！

請沿虛線剪下寄回本公司

Give Us a Piece Of Your Mind

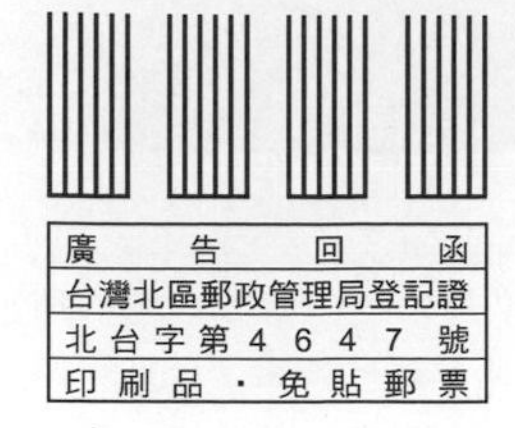

221

博碩文化股份有限公司 產品部

台灣新北市汐止區新台五路一段112號10樓A棟

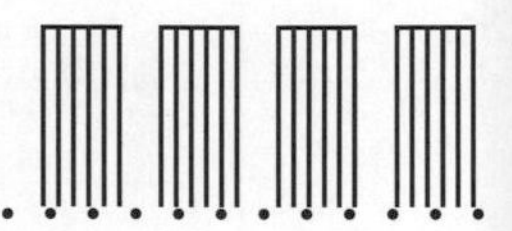